A. Canova • G. Gruosso • M. Repetto

ELETTROTECNICA

ESERCIZI SVOLTI

Società Editrice
ESCULAPIO

In copertina:
Dove finisce l'energia di Ezio Gribaudo, 2008

ISBN 978-88-7488-352-3

Società Editrice Esculapio s.r.l.
Via Terracini, 30 – 40131 Bologna
www.editrice-esculapio.com – info@editrice-esculapio.it

Impaginazione: Gabriella Gatti e Giancarla Panigali

Società Editrice
ESCULAPIO

INDICE

PREFAZIONE

Questa raccolta di esercizi ed esempi di elettrotecnica nasce da una richiesta, avanzata da parte degli studenti, di un testo per esercitarsi all'apprendimento dell'elettrotecnica di base.
Il corso di elettrotecnica di base, indipendentemente dalle denominazioni che assume nei diversi percorsi di laurea, si propone un obiettivo operativo/quantitativo piuttosto che descrittivo/qualitativo. Questo a dire che nel corso non vengono presentati solo concetti astratti o un'enumerazione di nozioni, ma che lo scopo del corso e' tradurre questi concetti in una capacita' di comprendere ed applicare regole e nozioni di base a diversi esempi numerici. Infatti, nel seguito del curriculum, lo studente trovera' sul suo percorso materie che utilizzeranno le capacita' operative di elettrotecnica applicandole a studi diversi, dall'elettrotecnica avanzata, all'elettronica, agli azionamenti ed ai sistemi elettrici.
Il Nuovo Ordinamento degli studi universitari ha accentuato questa caratteristica operativa, sfrondando spesso i corsi di elettrotecnica di base da parti piu' accessorie e concentrandosi sull'apprendimento dello strumento circuitale.
Una pluriennale esperienza didattica ed una costante interazione con gli studenti, porta e dire che la maggiore difficolta' incontrata nel superamento del modulo e' legata non tanto alla complessita' concettuale della materia, bensi' alla traduzione di questa in "soluzione di esercizi".
Da questo punto di vista, si rivela come sia necessaria una introspezione individuale nella soluzione dei problemi proposti, al fine di padroneggiare i concetti di base della teoria dei circuiti.
Da queste brevi considerazioni nasce quindi una raccolta di esercizi che, gradualmente, assumendo una preparazione circuitale pregressa nulla, si propone di portare lo studente dalle nozioni applicate di topologia e teoremi circuitali nelle reti adinamiche, alla soluzione nel tempo e nella frequenza di circuiti lineari tempo invarianti. Si e' quindi scelto di non realizzare una raccolta di esercizi di esame, che sarebbero stati di difficolta' maggiore, ma una collezione di esempi semplici e di crescente difficolta'.
La soluzione degli esercizi ha privilegiato la via piu' semplice per il conseguimento del risultato, ma va messo in evidenza come molto

spesso la strada per arrivare alla soluzione non sia unica. Per quanto riguarda i risultati numerici, si e' tentato di affrontare i calcoli con un numero di cifre significative non elevato (circa 4 o 5), rispettando la pratica ingegneristica che difficilmente ha a disposizione dati accurati a una parte per milione. Questo puo' spiegare come risultati derivanti dall'utilizzo di piu' cifre significative possano differire di qualche percento da quelli pubblicati. Anche nell'uso delle unita' di misura e dei loro multipli e sottomultipli si e' cercato di utilizzare regole di buona pratica ingegneristica.
Essendo il testo proposto a diversi corsi di Laurea, si e' deciso di presentare una panoramica di esercizi introduttivi che coprono lo spettro dei corsi di elettrotecnica. Di conseguenza, non tutta la materia proposta puo' fare effettivamente parte del programma del corso specifico.

CAPITOLO 1

CALCOLO DI RESISTENZA EQUIVALENTE

ESERCIZIO 1

Determinare la resistenza ai morsetti AB del circuito:

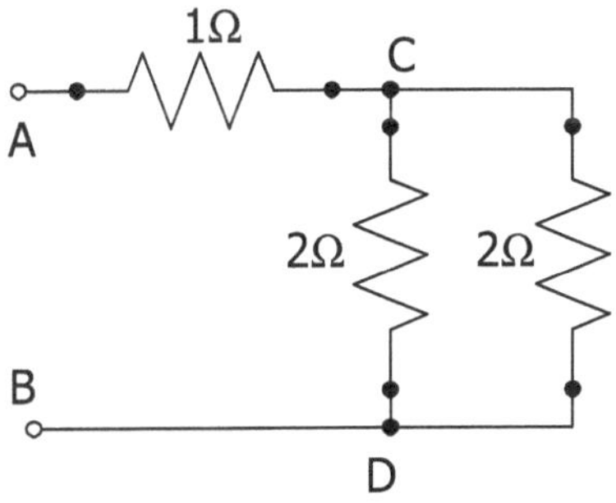

Soluzione

Dato il circuito resistivo di figura:

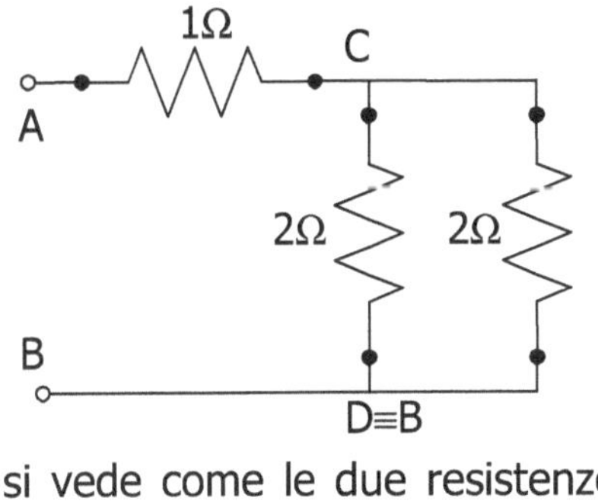

si vede come le due resistenze da 2 Ω siano in parallelo, in quanto collegate entrambe ai morsetti C e D, che coincide con il morsetto esterno B. Esse sono dunque equivalenti ad una unica resistenza di valore metà rispetto a quelle indicate. Lo schema equivalente diviene:

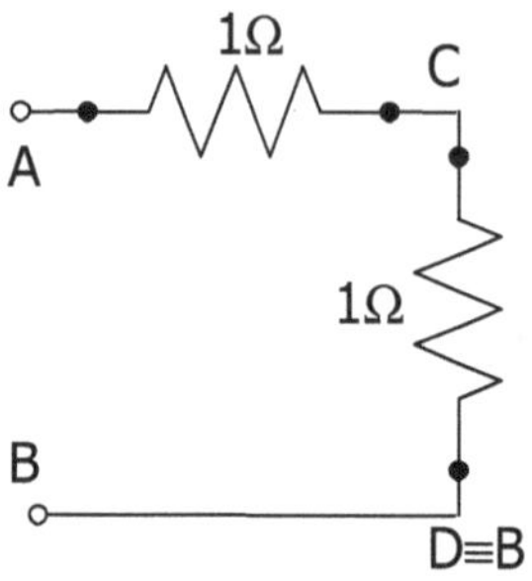

La serie in questione fornisce il risultato dell'esercizio e si ottiene:

$R_{AB} = 1 + 1 = 2\Omega$

ESERCIZIO 2

Determinare la resistenza ai morsetti AB del circuito:

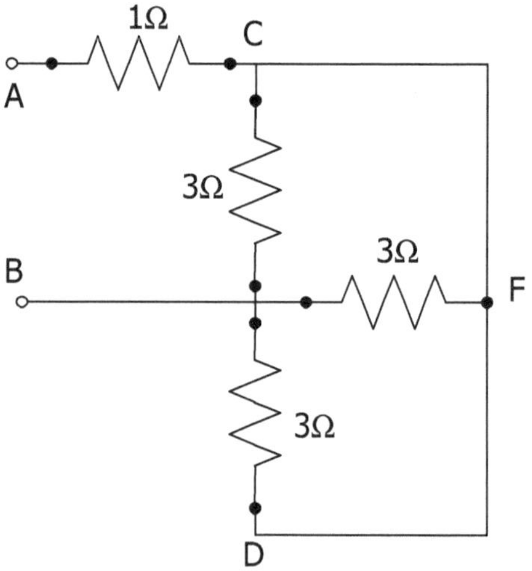

Soluzione

Nel circuito si nota come le tre resistenze da 3Ω siano collegate a tre morsetti C, F e D che risultano essere coincidenti in quanto collegati da corto-circuiti. Il sistema di resistenze puo' quindi essere ridisegnato come segue:

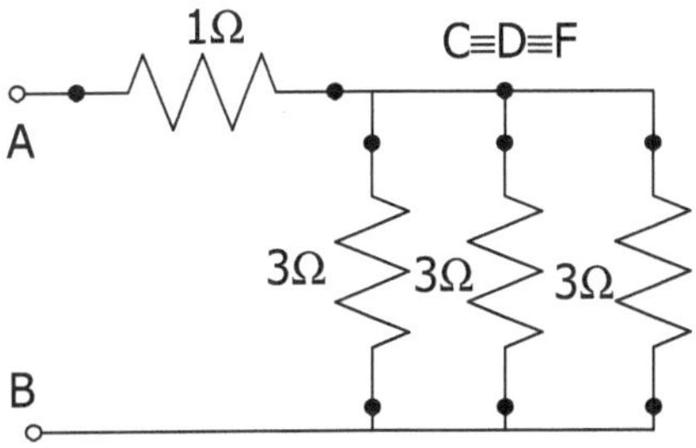

Notiamo che dopo l'eliminazione dei corti-circuiti è presente un parallelo di tre resistenze da 3Ω che per la regola del parallelo sono equivalenti ad un'unica resistenza di 1Ω, in serie all'altro resistore di eguale valore. Si ottiene pertanto:

$R_{AB} = 1 + 1 = 2\Omega$

ESERCIZIO 3

Determinare la resistenza ai morsetti AB del circuito:

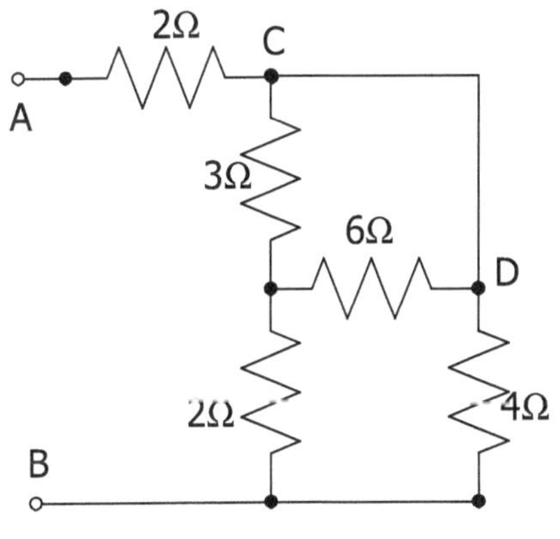

Soluzione

Dall'esame del circuito si nota come i morsetti C e D siano elettricamente equivalenti (allo stesso potenziale) in quanto collegati da un corto-circuito.

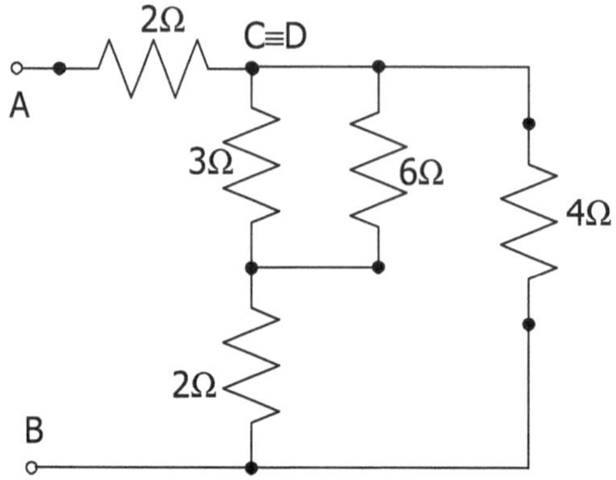

Una prima riduzione si puo' ottenere sostituendo alle resistenze da 3 e 6 Ω il loro equivalente parallelo,dato da:

$$R' = \frac{3*6}{3+6} = 2\Omega$$

il circuito diventa quindi:

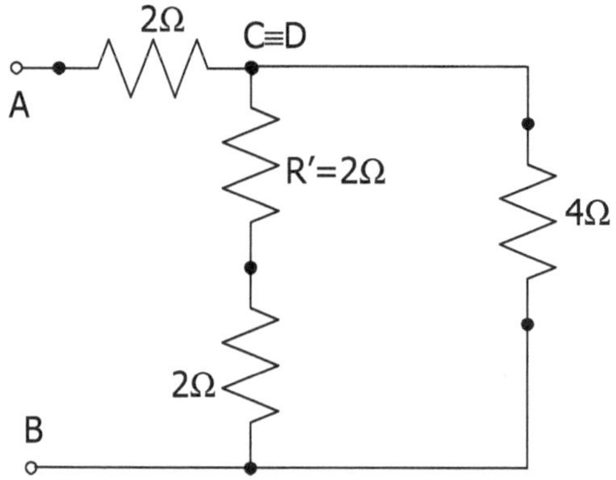

le resistenze da 2 e 2 Ω collegate tra i morsetti c e B sono in serie, e quindi possono essere sostituite da una resistenza equivalente pari a:

$$R'' = 2 + 2 = 4\Omega$$

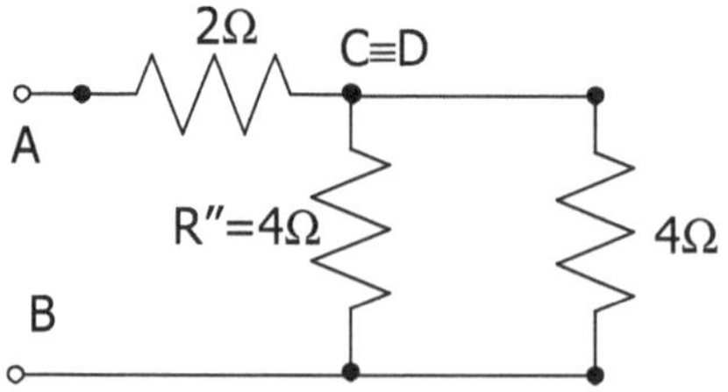

le due resistenze da 4Ω sono quindi in parallelo ed, essendo uguali, il loro equivalente e' apri a 2Ω. Si ottiene quindi:

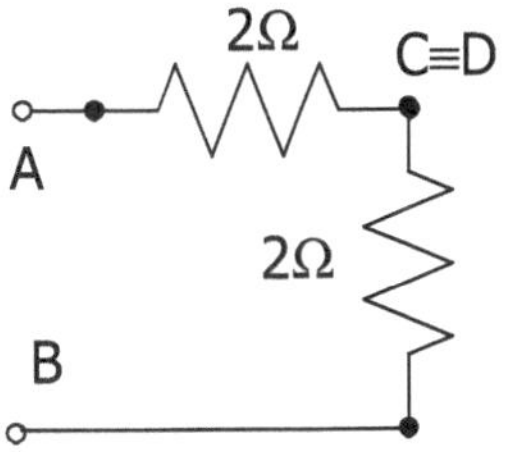

per cui la resistenza ai morsetti diventa la serie delle due: $R_{AB} = 4\Omega$.

ESERCIZIO 4

Determinare la resistenza ai morsetti AB del circuito:

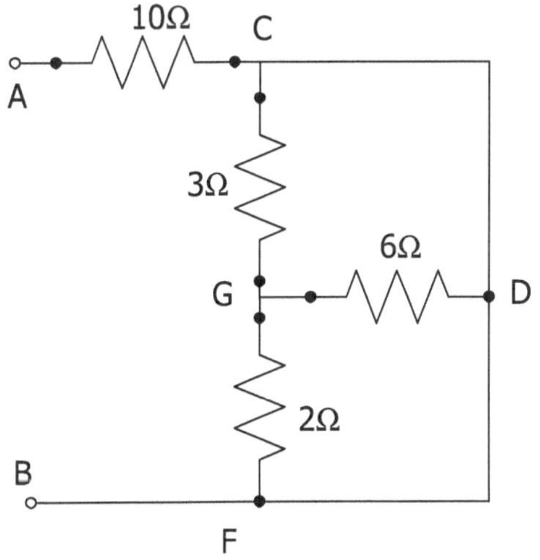

Soluzione

Dall'analisi del circuito si puo' notare come i tre morsetti C, D, F e B siano connessi tra di loro da corto-circuiti e quindi risultano tra loro coincidenti e quindi il circuito puo' essere ridisegnato come:

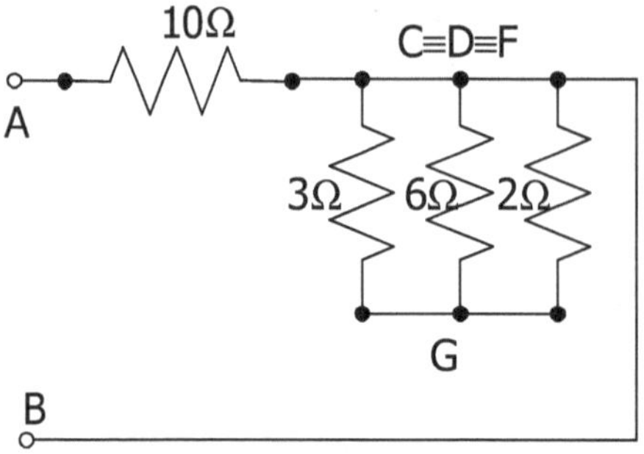

da cui si vede come le tre resistenze collegate tra i morsetti C, D, F ed il morsetto G sono ininfluenti in quanto una corrente iniettata dal morsetto A, dopo aver attraversato la resistenza da 10 Ω, puo' giungere al morsetto B attraverso il corto circuito. La resistenza equivalente e' quindi $R_{AB} = 10\Omega$.

ESERCIZIO 5

Determinare la resistenza ai morsetti AB del circuito:

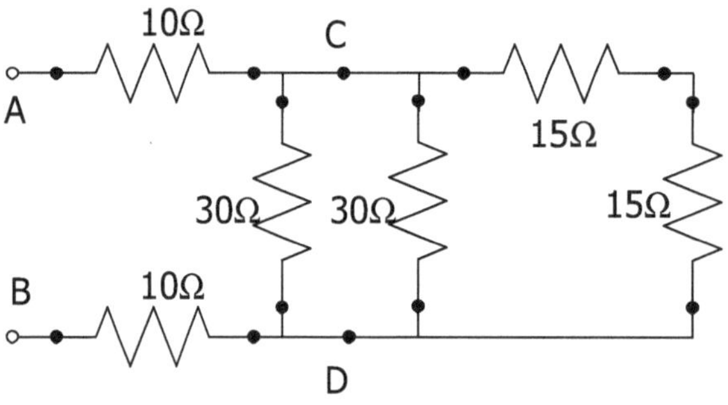

Soluzione

Le due resistenze da 15 Ω sono connesse in serie, una prima riduzione del circuito da luogo a:

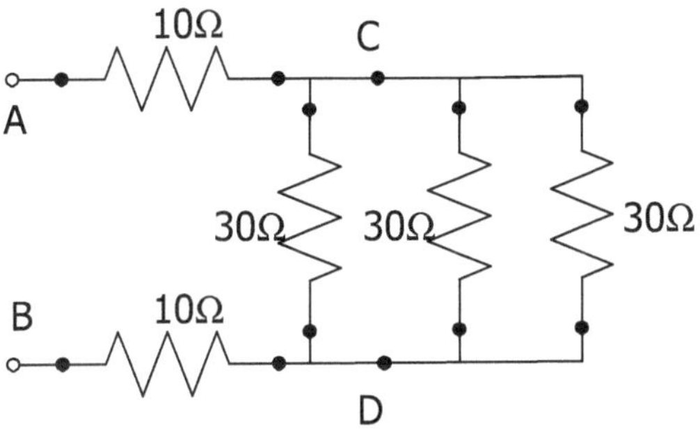

da cui si ricava:

$$R_{CD} = \frac{30}{3} = 10\Omega$$

Questo resistore è ancora in serie ad altri due da 10Ω e si ottiene infine:

$$R_{AB} = (10 + 10 + 10) = 30\Omega\,.$$

ESERCIZIO 6

Determinare la resistenza ai morsetti AB del circuito:

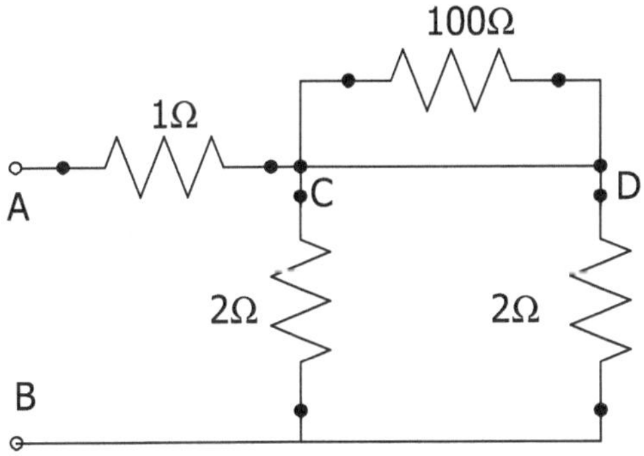

Soluzione

Il circuito puo' essere semplificato considerando che i due morsetti C e D sono collegati da un corto circuito e quindi risultano coincidenti. La resistenza da 100 Ω viene quindi eliminata dal circuito in quanto in parallelo con un corto circuito. La rete resistiva diventa quindi:

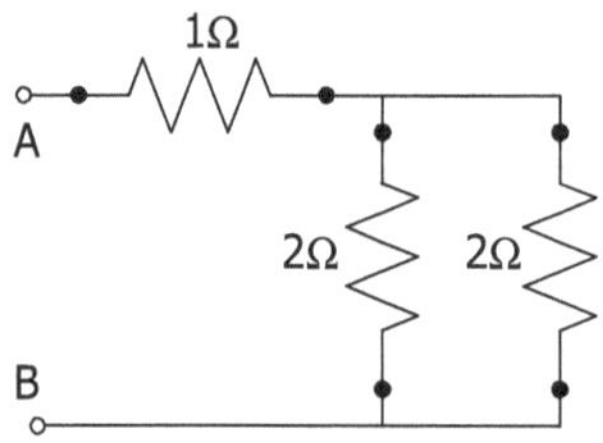

Le due resistenze da 2 Ω in parallelo possono essere sostituite da una resistenza equivalente da 1 Ω e quindi la resistenza complessiva diventa $R_{AB} = 2\Omega$.

ESERCIZIO 7

Determinare la resistenza ai morsetti AB del circuito:

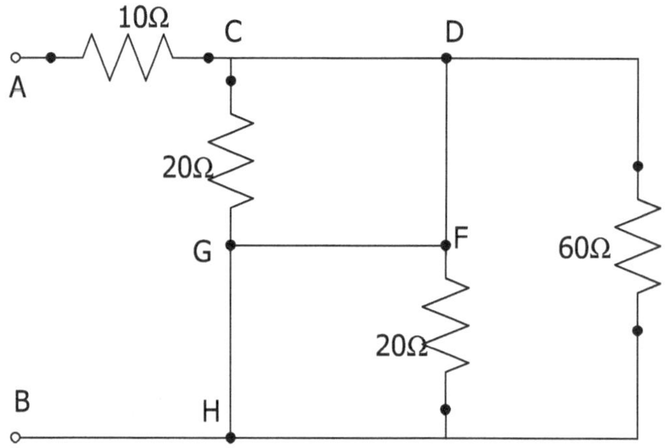

Soluzione

Esaminando il circuito si puo' notare come il percorso tra i morsetti C, D, F, G, H e B sia costituito da corto circuiti. La tensione tra il nodo C e B risulta quindi sempre nulla e tutte le resistenze, tranne quella da 10Ω, sono quindi ininfluenti per la resistenza ai morsetti che coincinde con la resistenza da 10 Ω collegata tra A e C.

ESERCIZIO 8

Determinare la resistenza ai morsetti AB del circuito:

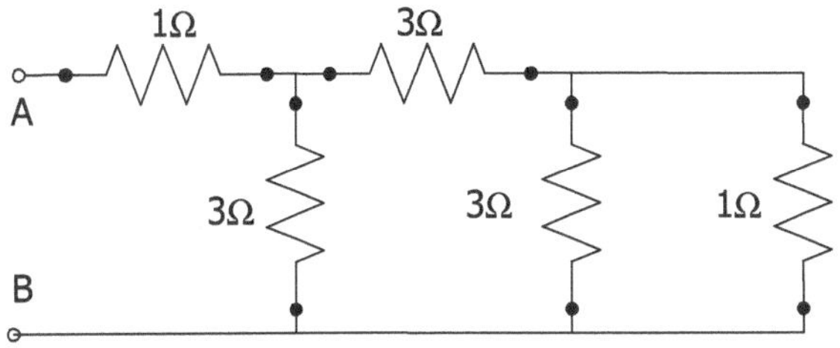

Soluzione

Partendo dall'esterno del circuito si nota come vi siano due resistori in parallelo da 1 e 3Ω.

L'equivalente di questa parte del circuito diviene:

$$R_{eq} = \frac{3*1}{3+1} = \frac{3}{4}\Omega;$$

vi è poi in serie una resistenza da 3Ω:

$$R' = \left(\frac{3}{4}+3\right) = \frac{15}{4}\Omega \;;$$

si ottiene un circuito del tipo seguente:

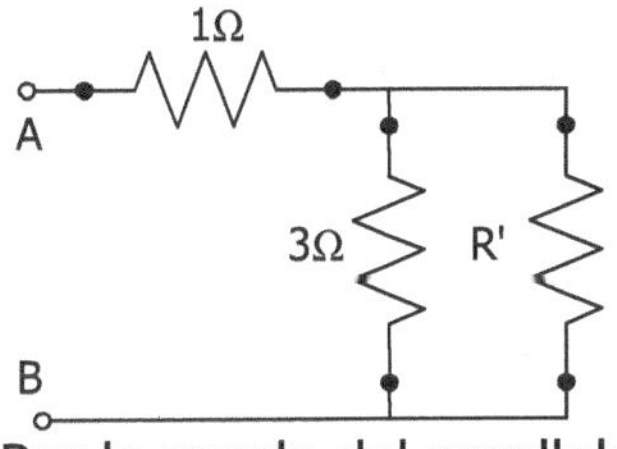

Per le regole del parallelo e della serie:

$$R_{eqAB} = 1 + \left(\frac{3\cdot\frac{15}{4}}{3+\frac{15}{4}}\right) = \left(1+\frac{5}{3}\right) = \frac{8}{3}\Omega$$

ESERCIZIO 9

Determinare la resistenza ai morsetti AB del circuito:

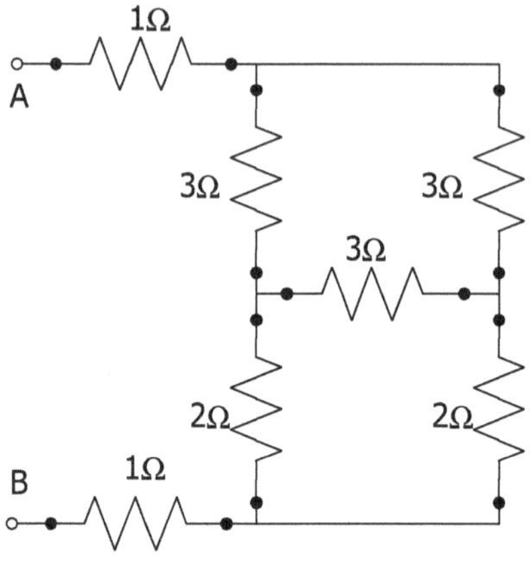

Soluzione

La cosa più conveniente da fare è trasformare il triangolo di resistenze di 3Ω nella stella equivalente, essendo le tre resistenze uguali le formule generali si semplificano nella:

$$R_{\Delta} = 3R_{Y}$$

I lati della stella equivalente hanno pertanto resistenza equivalente di 1 Ω. Si ha un grafico del tipo:

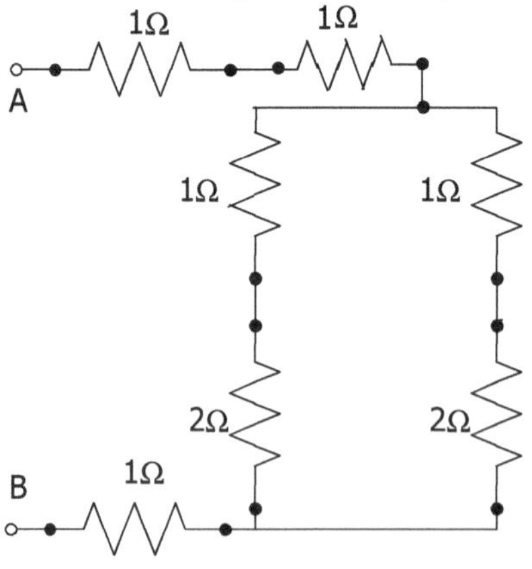

E' semplice ora calcolare la resistenza equivalente: i due lati della stella sono ciascuno in serie ad una resistenza di 2Ω. Per ognuno dei rami si ha:

$$R_{eq} = (1+2) = 3\Omega$$

Essendo in parallelo i due rami danno luogo ad una resistenza equivalente pari a 1.5Ω.
Complessivamente si ha che:

$$R_{AB} = (1+1+1+1.5) = \frac{9}{2}\Omega .$$

ESERCIZIO 10

Determinare la resistenza del circuito visto dai morsetti AB e CD

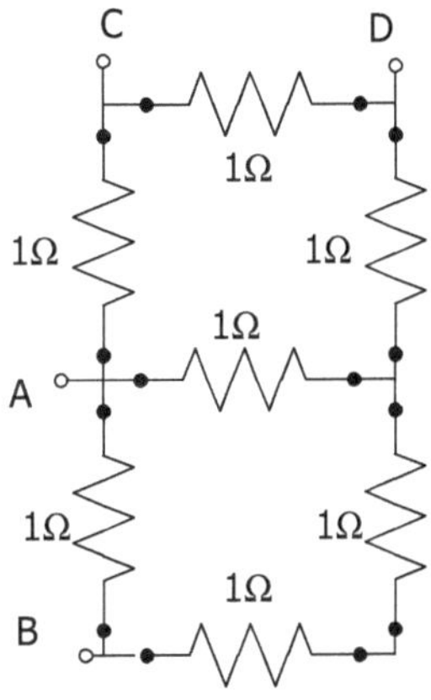

Soluzione

Per quanto riguarda la resistenza vista da AB si considerano i morsetti C e D aperti, si ottiene quindi che nella parte superiore della figura i tre resistori da 1 Ω ciascuno risultano collegati in serie. L'equivalente è:

$$R_{eq} = (1+1+1) = 3\Omega$$

Lo stesso discorso vale per la parte inferiore della figura: la serie delle due resistenze ha un equivalente di:

$$R'_{eq} = (1+1) = 2\Omega$$

Si ottiene un circuito come quello sotto riportato:

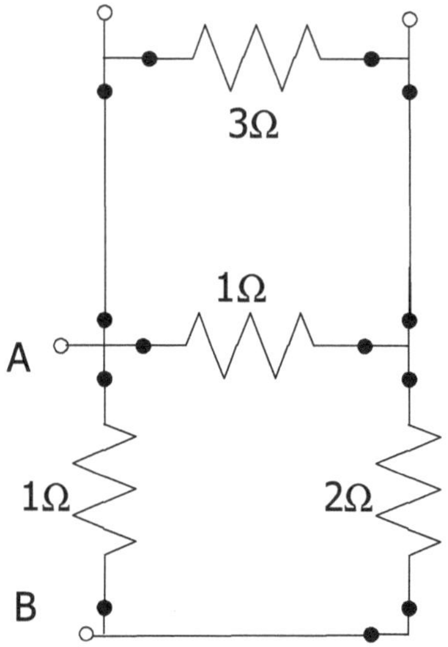

A questo punto si evidenzia un parallelo fra la resistenza di 3Ω e quella di 1Ω che può essere sostituito con il parallelo equivalente:

$$R_{eq} = \frac{3 \cdot 1}{3+1} = \frac{3}{4}\Omega\,;$$

Tale risultato è in serie ad un resistore di 2Ω:

$$R_{eq}' = \left(\frac{3}{4}+2\right) = \frac{11}{4}\Omega$$

Tale resistenza e' ora in parallelo alla resistenza da 1Ω, collegata ai morsetti AB, e si ottiene:

$$R_{AB} = \frac{1 * \frac{11}{4}}{1+\frac{11}{4}} = \frac{11}{15}\Omega$$

Per quanto riguarda la resistenza vista dai morsetti CD, si puo' considerare ora le tre resistenze in basso sono collegate in serie e quindi si ottiene:

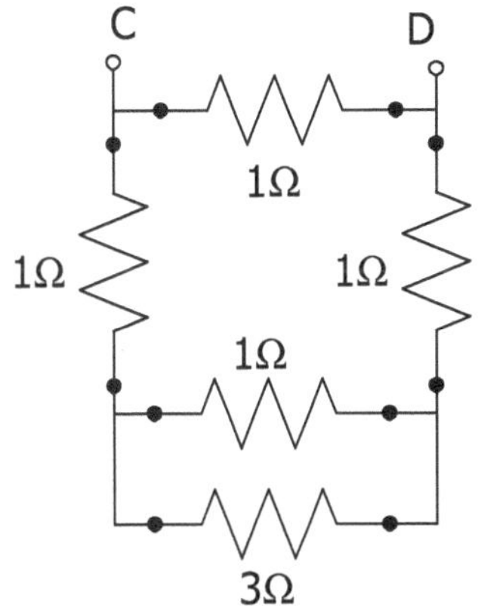

nuovamente il parallelo tra le resistenze da 3Ω ed 1Ω si puo' sostituire con:

$$R_{eq} = \frac{3*1}{3+1} = \frac{3}{4}\Omega$$

che risulta in serie con le due resistenze:

$$R'_{eq} = \frac{3}{4} + 2 = \frac{11}{4}\Omega$$

questa resistenza e' poi in parallelo con la resistenza da 1 Ω e quindi la resistenza equivalente e' data da:

$$R_{CD} = \frac{\frac{11}{4}*1}{\frac{11}{4}+1} = \frac{11}{15}\Omega$$

CAPITOLO 2

RETI RESISTIVE

ESERCIZIO 1

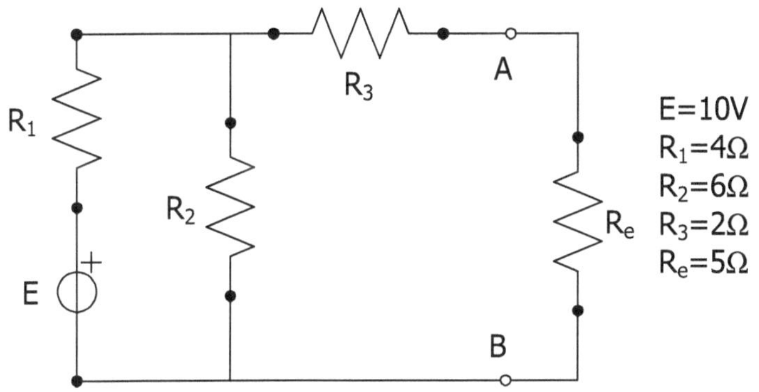

Determinare:
a) eq. Thevenin AB
b) corrente in R_e

Soluzione

Per determinare l'equivalente di Thevenin ai morsetti A-B si calcolano la tensione a vuoto e la resistenza equivalenti ai morsetti A-B; per quest'ultima occorre passivare i generatori, ovvero cortocircuitare tutti i generatori di tensione ed aprire tutti i generatori ideali di corrente. Dall'esame del circuito con il generatore di tensione passivato si ottiene:

$$R_{eq} = \left(\frac{R_1 R_2}{R_1 + R_2} \right) + R_3 = \left(\frac{4*6}{4+6} + 2 \right) = 2.4 + 2 = 4.4\Omega$$

La tensione equivalente si puo' calcolare considerando che con i morsetti AB aperti la resistenza R_3 non e' percorsa da corrente e quindi la tensione ai morsetti e' data dal partitore di tensione tra R_1 e R_2:

$$E_{eq} = \frac{R_2 E}{R_1 + R_2} = \frac{6*10}{4+6} V = 6V$$

Sostituendo al circuito il suo equivalente di Thevenin si ottiene quindi:

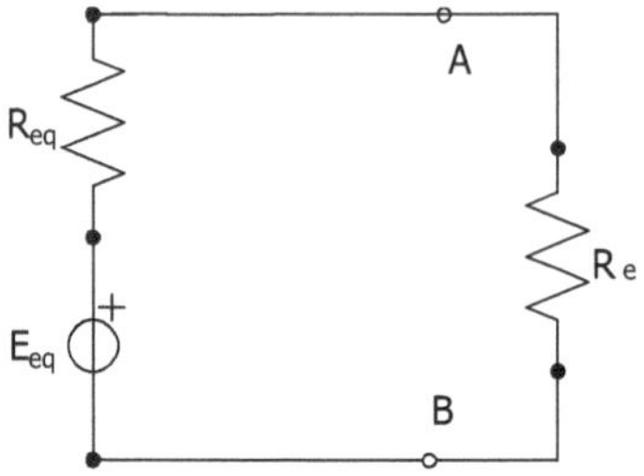

Dal circuito in figura risulta ora semplice calcolare la corrente in R_e:

$$I_e = \frac{E_{eq}}{R_e + R_{eq}} = \frac{6}{5+4.4} = 0.638A$$

ESERCIZIO 2

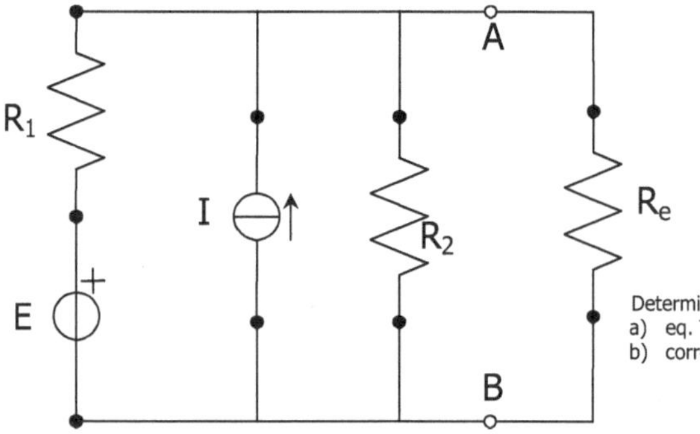

E=10V
I=10A
R_1=R_2=10Ω
R_e=5Ω

Determinare:
a) eq. Thevenin ai morsetti AB
b) corrente in R_e

Soluzione

Il calcolo della resistenza del bipolo equivalente di Thevenin va fatto passivando il generatore di tensione e di corrente, si ottiene quindi:

$$R_{eq} = \left(\frac{R_1 R_2}{R_1 + R_2}\right) = \left(\frac{10*10}{10+10}\right)\Omega = 5\Omega$$

Per calcolare la tensione equivalente si puo' utilizzare il principio di sovrapposizione degli effetti:

a) contributo del generatore E (con generatore di corrente passivato): la tensione AB e' data dal partitore tra le resistenza R_1 e R_2:

$$E'_{eq} = \frac{R_2 E}{R_1 + R_2} = \frac{10 * 10}{10 + 10} V = 5V$$

b) contributo del generatore I (con generatore di tensione passivato): le due resistenze sono in parallelo e quindi la corrente del generatore si suddividerà in base al partitore di corrente, la corrente in R_2 e' data da:

$$I_2 = I \frac{R_1}{R_1 + R_2}$$

pertanto la tensione su AB dovuta al generatore di corrente è:

$$E''_{eq} = \frac{R_2 I}{2} = \frac{10 \cdot 10}{2} V = 50V$$

Sommando infine le tensioni trovate si ottiene:

$$E_{eqAB} = E'_{eq} + E''_{eq} = 55V$$

Sostituendo l'equivalente di Thevenin si ha il circuito seguente:

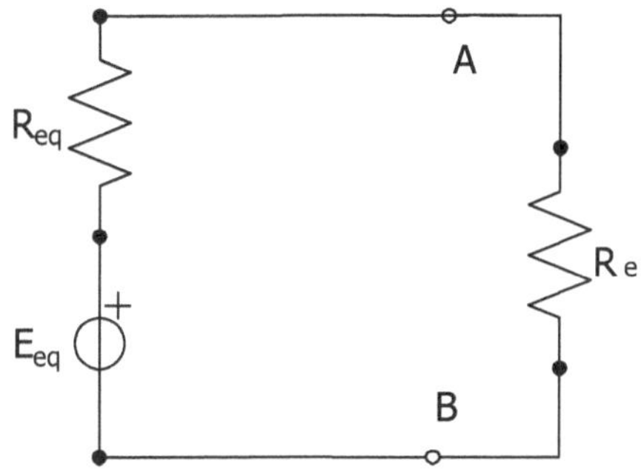

La corrente in R_e e' data da:

$$I_e = \frac{E_{eq}}{R_e + R_{eq}} = \frac{55}{5 + 5} = 5.5A$$

ESERCIZIO 3

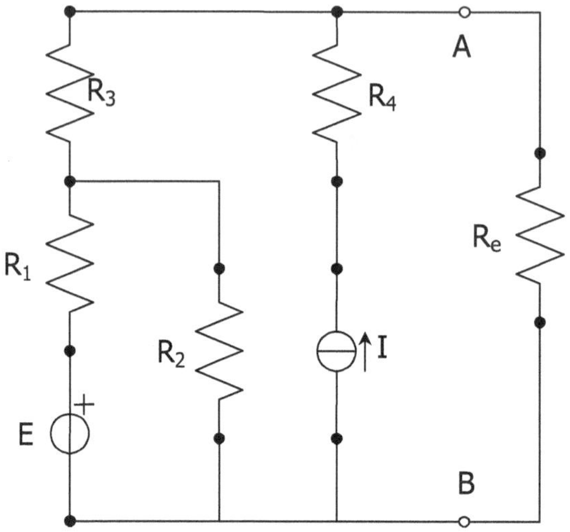

E=10V
I=2A
R_1=R_2=4Ω
R_3=2Ω
R_4=5Ω
R_e=5Ω

Determinare:
a) eq. Thevenin AB
b) corrente in R_e

Soluzione

Per il calcolo della resistenza equivalente si passivano i generatori e si ottiene:

$$R_{eq} = \left(\frac{R_1 R_2}{R_1 + R_2} \right) + R_3 = \left(\frac{4 * 4}{4 + 4} \right) + 2 = 4\Omega$$

Per il calcolo della tensione equivalente si può utilizzare il teorema di sovrapposizione, considerando separatamente i contributi dei due generatori.

a) Contributo del generatore E (con generatore di corrente passivato).

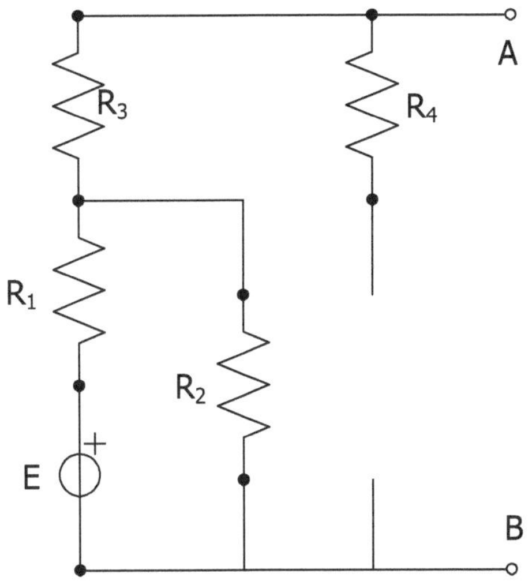

Come si nota le resistenze R_3 e R_4 non sono percorse da corrente in quanto fanno capo a morsetti aperti. La tensione AB coincide quindi con la tensione ai capi della resistenza R_2 che puo' essere calcolata con il partitore di tensione:

$$E'_{eq} = \frac{R_2 E}{R_1 + R_2} = \frac{4*10}{4+4} V = 5V$$

b) Contributo del generatore I (con generatore di tensione passivato).

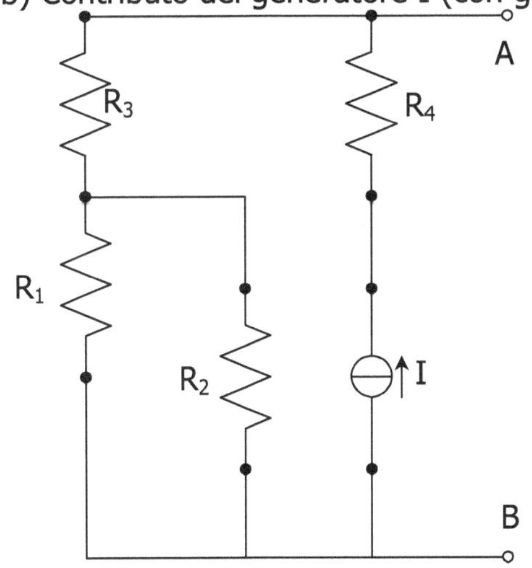

Le resistenze R_1 e R_2 sono ora collegate tra loro in parallelo ed in serie a R_3; la tensione AB e' data dalla corrente I che percorre questo ramo:

$$E''_{AB} = I\left(R_3 + \frac{R_1R_2}{R_1 + R_2}\right) = 2 * (2 + 2) = 8V$$

Sommando infine le tensioni trovate: $E_{eq} = E'_{eq} + E''_{eq} = 13V$

Si puo' ora trovare la corrente nel resistore R_e come:

$$I_e = \frac{E_{eq}}{R_e + R_{eq}} = \frac{13}{4+5} = 1.44A.$$

ESERCIZIO 4

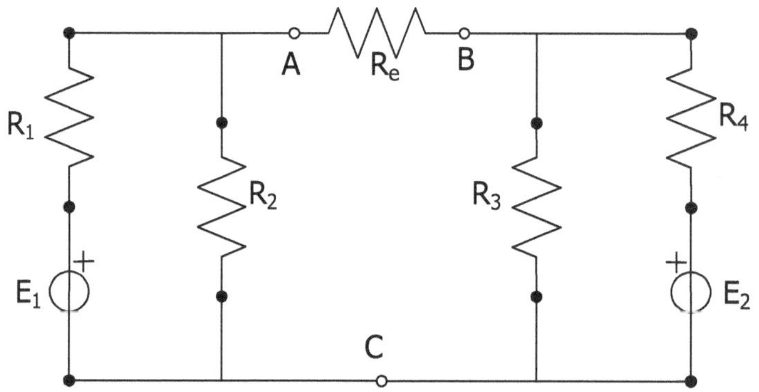

$E_1 = 10V$
$E_2 = 10V$
$R_1 = R_2 = 10\Omega$
$R_3 = 2\Omega$
$R_4 = 8\Omega$
$R_e = 5\Omega$

Determinare:
1. eq. Thevenin AC
2. eq. Thevenin BC
3. corrente in R_e

Soluzione

Per il calcolo dei due equivalenti di Thevenin si può struttura la simmetria topologica della rete. Per quanto riguarda le rete di sinistra tra i morsetti A-C:

$$E_{eqAC} = \frac{R_2E_1}{R_1 + R_2} = \frac{10 * 10}{10 + 10} = 5V$$

$$R_{eqAC} = \left(\frac{R_1R_2}{R_1 + R_2}\right) = \left(\frac{10 * 10}{10 + 10}\right) = 5\Omega$$

Cambiando soltanto i valori numerici l'equivalente tra i morsetti B-C risulta:

$$R_{eqBC} = \left(\frac{R_3 R_4}{R_3 + R_4}\right) = \left(\frac{2*8}{2+8}\right) = 1.6\Omega$$

$$E_{eqBC} = \frac{R_3 E_2}{R_3 + R_4} = \frac{2*10}{2+8} = 2V$$

Sostituendo i due generatori equivalenti di Thevenin, il circuito diventa:

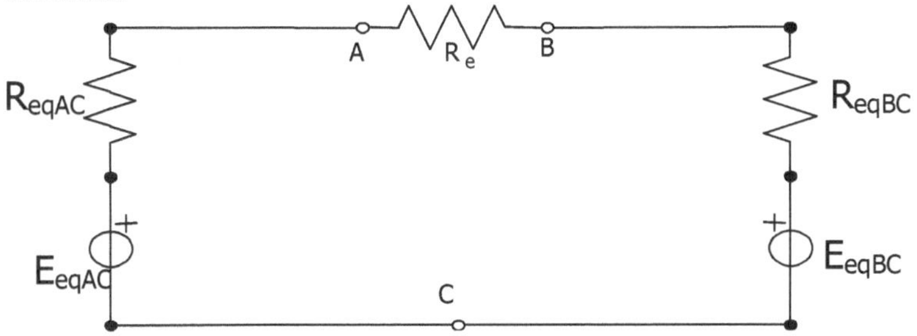

La corrente nella maglia e nel resistore richiesto diventa pertanto:

$$I_e = \frac{E_{eqAC} - E_{eqBC}}{R_{eqAC} + R_{eqBC} + R_e} = \frac{5-2}{5+1.6+5} = 0.258A$$

ESERCIZIO 5

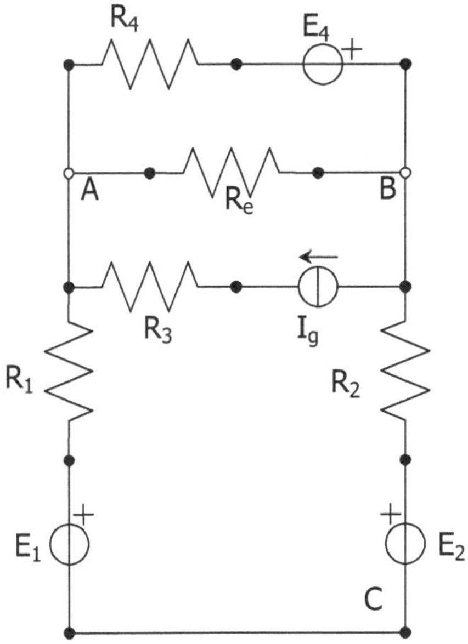

E_1=1V
E_2=1V
I_g=2A
E_4=1V
R_1=1Ω
R_2=1Ω
R_3=1Ω
R_4=8Ω
R_e=3/5Ω

Determinare:
a) eq. Thevenin AB
b) corrente in R_e

Soluzione

Per risolvere il circuito si puo' notare come i due generatori di tensione in basso abbiano l'uno polarità opposta rispetto all'altro ed essendo di pari valore si elidono. La serie (R_1+R_2) puo' essere sostituita da un unico resistore di valore R'=2Ω.

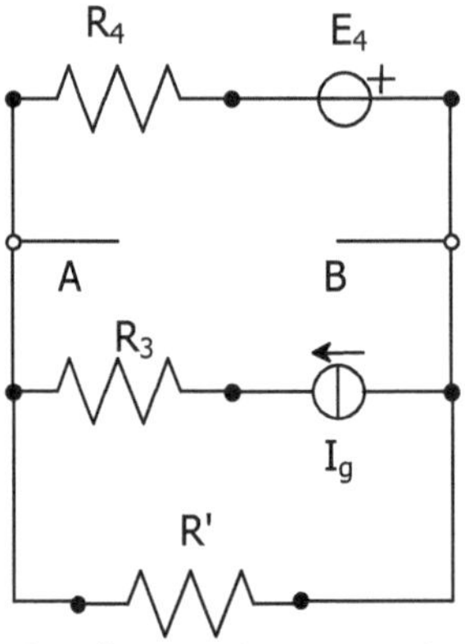

Per la tensione equivalente ai capi di AB, si puo' utlizzare il teorema di Millmann:

$$E_{eqAB} = \frac{I_g - \frac{E_4}{R_4}}{\frac{1}{R'} + \frac{1}{R_4}} = \frac{2 - 0.125}{0.5 + 0.125} = 3V$$

$$R_{eqAB} = \frac{R' R_4}{R' + R_4} = \frac{2 * 8}{2 + 8} = 1.6\Omega$$

A questo punto è immediato trovare la corrente in R_e:

$$I_e = \frac{E_{eqAB}}{R_e + R_{eqAB}} = \frac{3}{1.6 + 0.6} = 1.36A$$

ESERCIZIO 6

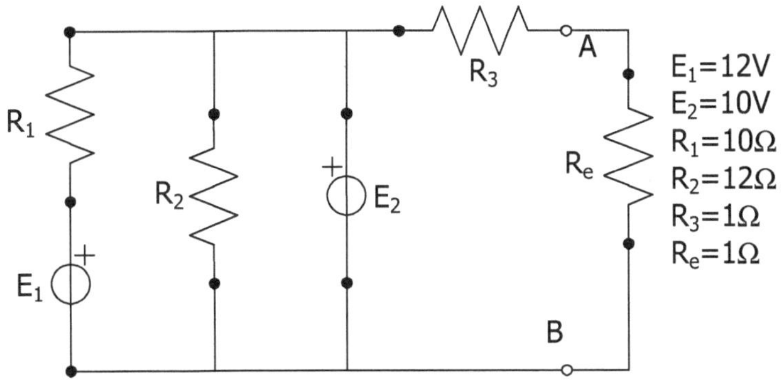

Determinare:
a) eq. Thevenin AB
b) corrente in R_e

Soluzione

Per il calcolo della resistenza equivalente si devono passivare i generatori:

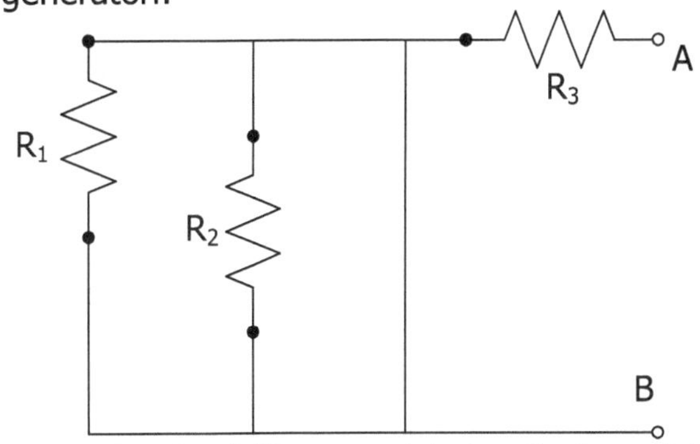

come si nota dall'esame del circuito le resistenze R_1 e R_2 sono corto-circuitate, la resistenza equivalente coincide quindi con la resistenza R_3.

Per il calcolo della tensione equivalente si può notare come la tensione AB sia imposta dal generatore E_2 collegato direttamente a questi morsetti (la resistenza R_3 e' ininfluente in quanto fa capo ad un morsetto aperto).

Una volta determinati i valori del circuito di Thevenin, la corrente in R_e vale:

$$I_e = \frac{E_{eq}}{R_e + R_{eq}} = \frac{10}{1+1} = 5A$$

ESERCIZIO 7

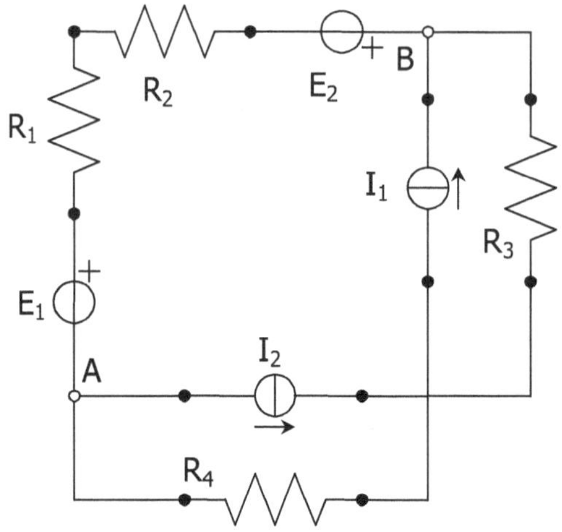

E_1=1V
E_2=1V
I_1=2A
I_2=2A
R_1=1Ω
R_2=1Ω
R_3=2Ω
R_4=2Ω

Determinare:
a) eq. Thevenin AB

Soluzione

Il problema si può risolvere con alcuni passaggi semplificativi. In primo luogo si può notare come i due lati che contenenti i generatori di tensione e le rispettive resistenze R_1 e R_2 siano collegati in serie e quindi i loro parametri possano essere sommati:

$$E_{eq} = E_1 + E_2 = 2V$$

$$R_{eq} = R_1 + R_2 = 2\Omega$$

A questo punto i due lati contenenti i generatori di corrente possono essere trasformati in equivalenti di Thevenin come:

ramo contenente I_1: $E_{1eq} = R_3 I_1 = 2 * 2 = 4V$, $R_{1eq} = R_3 = 2\Omega$

ramo contenente I_2: $E_{2eq} = R_4 I_2 = 2 * 2 = 4V$, $R_{2eq} = R_4 = 2\Omega$

Nuovamente i due rami in serie possono essere sommati:

$$E'_{eq} = E_{1eq} + E_{2eq} = 4 + 4 = 8V$$

$$R'_{eq} = R_{1eq} + R_{2eq} = 2 + 2 = 4\Omega$$

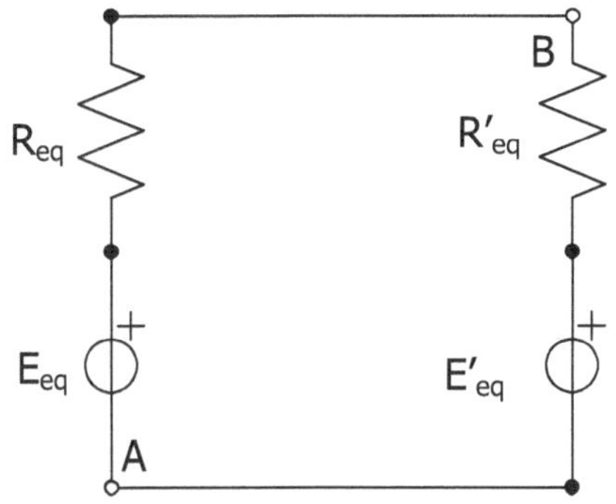

Per calcolare l'equivalente di Thevenin si puo' applicare il teorema di Millmann ai morsetti AB:

$$V_{AB} = \frac{-\frac{E_{eq}}{R_{eq}} - \frac{E'_{eq}}{R'_{eq}}}{\frac{1}{R_{eq}} + \frac{1}{R'_{eq}}} = \frac{-\frac{2}{2} - \frac{8}{4}}{\frac{1}{2} + \frac{1}{4}} = -\frac{3}{\frac{3}{4}} = -4V$$

$$R_{AB} = \frac{R'_{eq} R_{eq}}{R'_{eq} + R_{eq}} = \frac{4 * 2}{2 + 4} = 1.33\Omega$$

ESERCIZIO 8

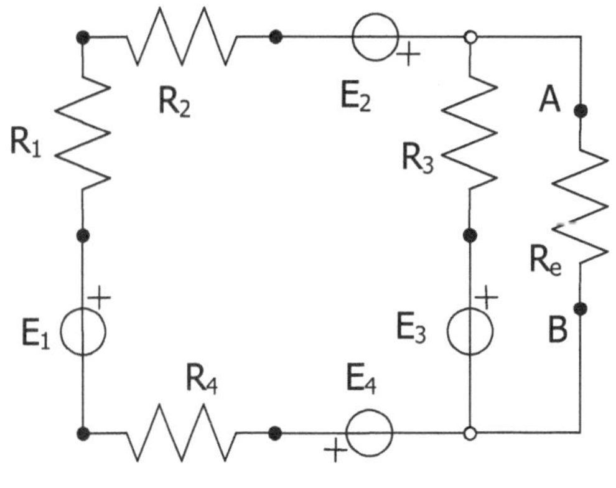

E_1=1V
E_2=1V
E_3=2V
E_4=1V
R_1=1Ω
R_2=1Ω
R_3=2Ω= R_4
R_e=2Ω

Determinare:
a) eq. Thevenin AB
b) corrente in R_e

Soluzione

Si può operare analizzando prima il ramo alla sinistra di AB, considerando che i diversi bipoli sono collegati in serie:

$E_{eq} = E_1 + E_2 + E_4 = 3V$

$R_{eq} = R_1 + R_2 + R_4 = 4\Omega$

Il circuito diventa quindi:

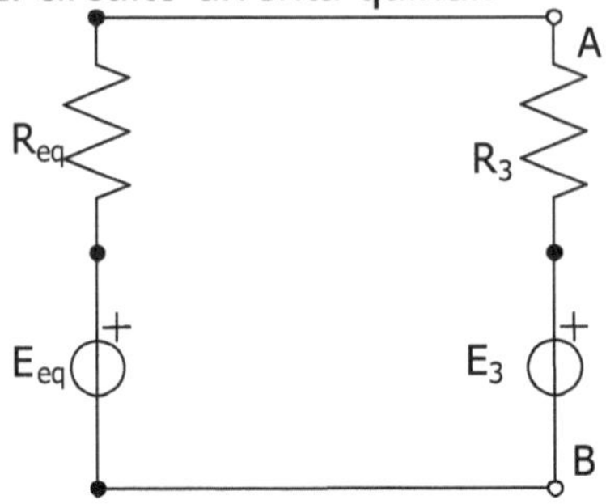

Per calcolare l'equivalente di Thevenin si puo' a questo punto applicare il teorema di Millmann ai morsetti AB:

$$V_{AB} = \frac{\frac{E_{eq}}{R_{eq}} + \frac{E_3}{R_3}}{\frac{1}{R_{eq}} + \frac{1}{R_3}} = \frac{\frac{3}{4} + \frac{2}{2}}{\frac{1}{4} + \frac{1}{2}} = \frac{\frac{7}{4}}{\frac{3}{4}} = \frac{7}{3} = 2.33V$$

$$R_{AB} = \frac{R_3 R_{eq}}{R_3 + R_{eq}} = \frac{2 * 4}{2 + 4} = 1.33\Omega$$

Il calcolo della corrente in R_e diventa pertanto:

$$I_e = \frac{V_{AB}}{R_e + R_{AB}} = \frac{2.33}{2 + 1.33} = 0.69A.$$

ESERCIZIO 9

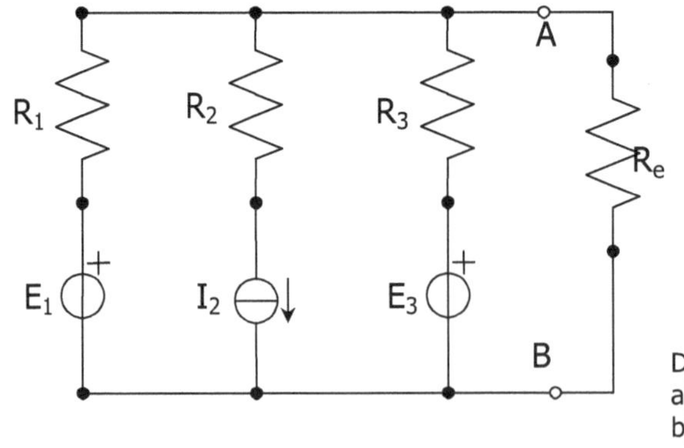

$E_1=1V$
$E_3=3V$
$I_2=1A$
$R_1=1\Omega$
$R_2=10\Omega$
$R_3=3\Omega$
$R_e=2\Omega$

Determinare:
a) eq. Thevenin AB
b) corrente in R_e

Soluzione

Per calcolare l'equivalente di Thevenin ai morsetti AB si può applicare il teorema di Millmann al circuito in cui si sia rimossa la resistenza R_e per la determinazione della tensione equivalente:

$$V_{AB} = \frac{\frac{E_1}{R_1} - I_2 + \frac{E_3}{R_3}}{\frac{1}{R_1} + \frac{1}{R_3}} = \frac{\frac{1}{1} - 1 + \frac{3}{3}}{\frac{1}{1} + \frac{1}{3}} = \frac{1}{\frac{4}{3}} = 0.75\Omega$$

Per la determinazione della resistenza equivalente si devono passivare i generatori come nel circuito seguente:

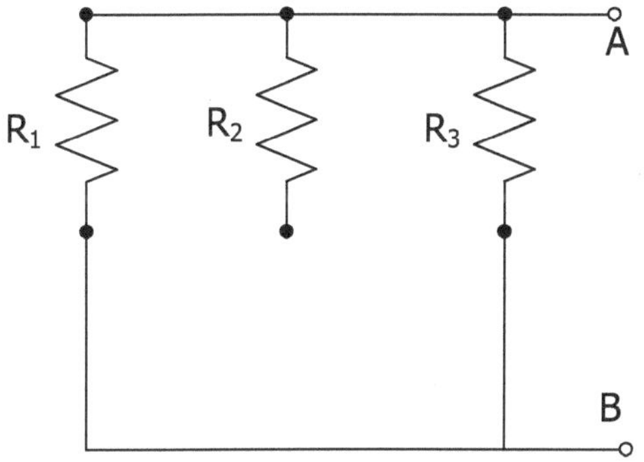

da cui si ottiene che:

$$R_{AB} = \frac{R_3 R_1}{R_3 + R_1} = \frac{3 \cdot 1}{3 + 1} = 0.75\Omega$$

la corrente in R_e diventa pertanto:

$$I_e = \frac{V_{AB}}{R_e + R_{AB}} = \frac{0.75}{2 + 0.75} = 0.27A$$

Nota: se si fosse dovuta calcolare solo la corrente I_e si sarebbe potuto applicare Millmann a tutto il circuito e poi, una volta ottenuta la V_{AB} complessiva calcolare direttamente I_e.

ESERCIZIO 10

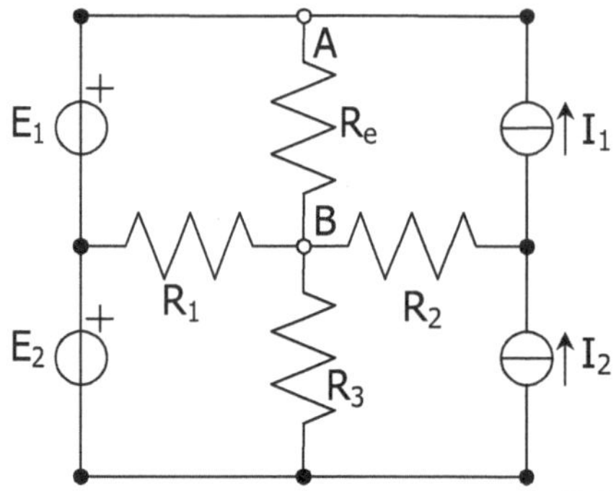

$E_1=1V$
$E_2=1V$
$I_1=1A$
$I_2=1A$
$R_1=3\Omega$
$R_2=3\Omega$
$R_3=3\Omega$
$R_e=2\Omega$

Determinare:
a) eq. Thevenin AB
b) corrente in R_e

Soluzione

Esistono diversi modi per risolvere l'esercizio. Un modo veloce e' quello di considerare che al nodo K, indicato in figura, giungono le correnti di due generatori ideali di corrente di pari valore, la LKC al nodo K diventa pertanto:

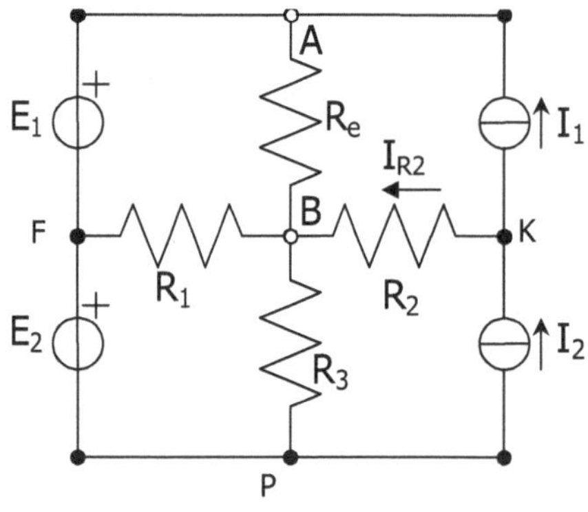

$$I_1 - I_2 + I_{R_2} = 0 \Rightarrow I_{R_2} = -I_1 + I_2 = 0$$

Dato che sarà sempre attraversata da corrente nulla, la resistenza R_2 può essere eliminata dal circuito considerando che i morsetti B e K sono equipotenziali.

Per calcolare la resistenza equivalente di Thevenin: si devono passivare i generatori e risulta come il percorso A-B incontri il parallelo fra R_1 ed R_3.

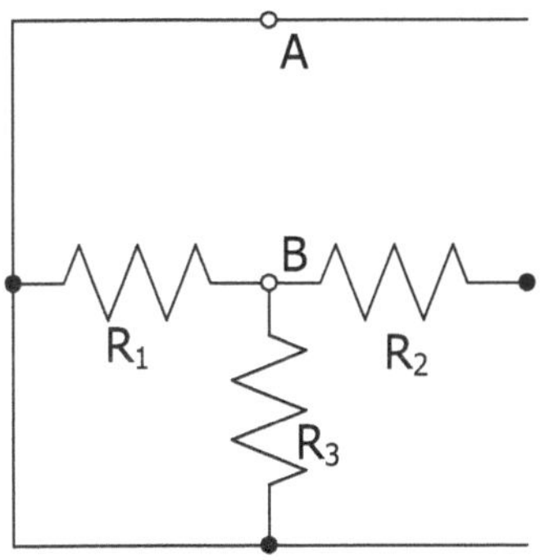

$$R_{AB} = \frac{R_3 R_1}{R_3 + R_1} = \frac{3 \cdot 3}{3+3} = 1.5\Omega$$

Per calcolare il generatore equivalente di Thevenin si puo' applicare la sovrapposizione degli effetti.

a) Contributo generatori di corrente. La rete risulta:

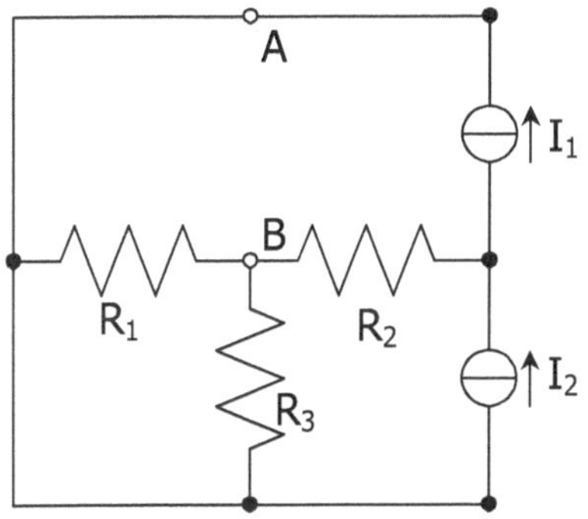

I generatori di corrente trovano una maglia costituita da soli corto circuiti e come tale il loro contributo alla tensione AB e' nullo.

b) Contributo generatore E_1. La rete risulta:

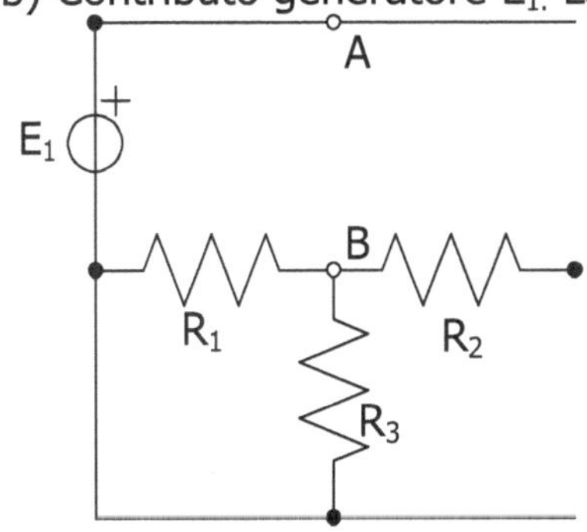

la tensione equivalente di Thevenin e' pari a E_1.

c) Contributo generatore E_2. La rete risulta:

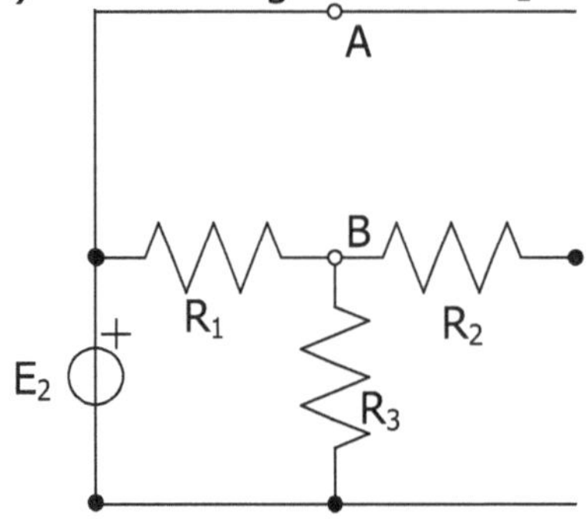

La tensione AB coincide con quella ai morsetti di R_1 e, pertanto, si puo' calcolare mediante il partitore di tensione:

$$E_{eq} = \frac{E_2 R_1}{R_3 + R_1} = \frac{1 * 3}{3 + 3} = 0.5V$$

Sommando i tre contributi si ottiene una tensione di 1.5V e si puo' quindi calcolare la corrente che transita nella resistenza richiesta:

$$I_e = \frac{V_{AB}}{R_e + R_{AB}} = \frac{1.5}{2 + 1.5} = 0.43A$$

ESERCIZIO 11

Data la rete rappresentata in figura, determinare il valore della corrente nella resistenza R_7.

R_1=2 Ω	R_2=3 Ω	R_3=4 Ω	R_4=2 Ω	R_5=1 Ω
R_6=8 Ω	R_7=2.25 Ω	R_8=5 Ω		
E_1=10 V	E_2=5 V	I_1=2 A	I_2=1 A	

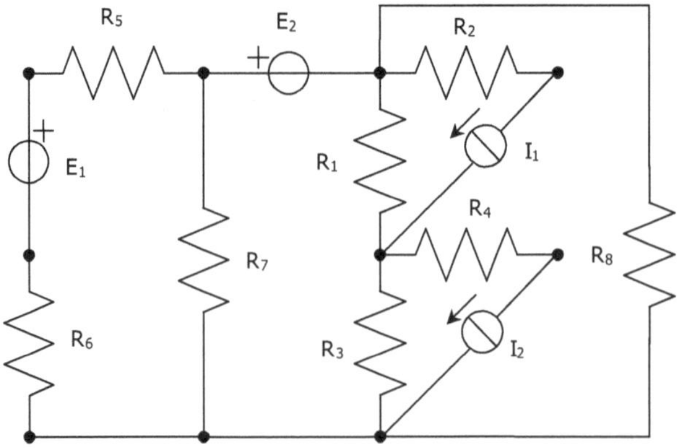

Soluzione

Un primo passo verso la soluzione del circuito, che verrà effettuata utilizzando il teorema di Millmann, consiste nel sostituire i generatori reali di corrente con la loro rappresentazione di Thevenin. I valori dei nuovi parametri risultano essere:

$V_{th1} = -I_1 R_1 = -4V$

$R_{th1} = R_1 = 2\Omega$

$V_{th2} = -I_2 R_3 = -4V$

$R_{th1} = R_3 = 4\Omega$

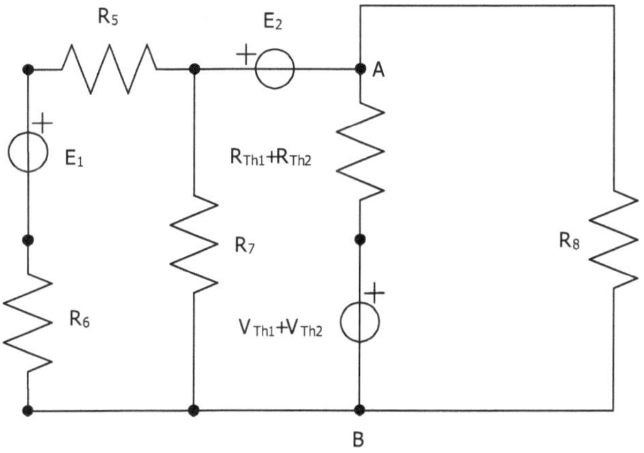

Una ulteriore semplificazione del circuito si ottiene applicando il teorema di Thevenin alla sezione alla destra dei morsetti A e B. Il valore della tensione a vuoto e quindi del generatore ideale del bipolo di Thevenin risulta:

$$V_{thAB} = \frac{\dfrac{V_{th1} + V_{th2}}{R_{th1} + R_{th2}}}{\dfrac{1}{R_{th1} + R_{th2}} + \dfrac{1}{R_8}} = -3.63V$$

mentre la resistenza equivalente:

$$R_{thAB} = \frac{(R_{th1} + R_{th2})R_8}{R_{th1} + R_{th2} + R_8} = 2.72\Omega$$

Il circuito complessivo risulta quindi:

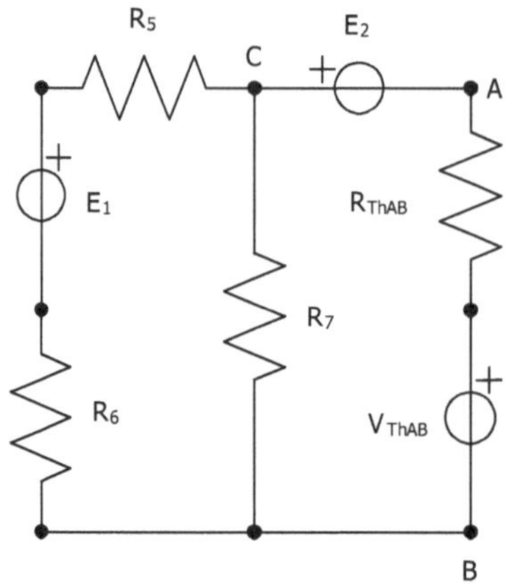

Applicando ora il teorema di Millmann ai morsetti C-B:

$$V_{CB} = \frac{\frac{E_1}{R_6 + R_5} + \frac{E_2 + V_{thAB}}{R_{thAB}}}{\frac{1}{R_{thAB}} + \frac{1}{R_7} + \frac{1}{R_5 + R_6}} = 1.75V$$

Infine, la corrente nella resistenza R_7 sarà pari a:

$$I_{R7} = \frac{V_{CB}}{R_7} = 0.77\,A$$

CAPITOLO 3

METODO DEL POTENZIALE AI NODI

ESERCIZIO 1

Data la rete in regime DC rappresentata in figura, scrivere in modo simbolico, sulla base della numerazione nodale indicata (0 nodo di riferimento), il sistema di equazioni relativo all'applicazione del metodo dei potenziali ai nodi, adottando il metodo diretto.

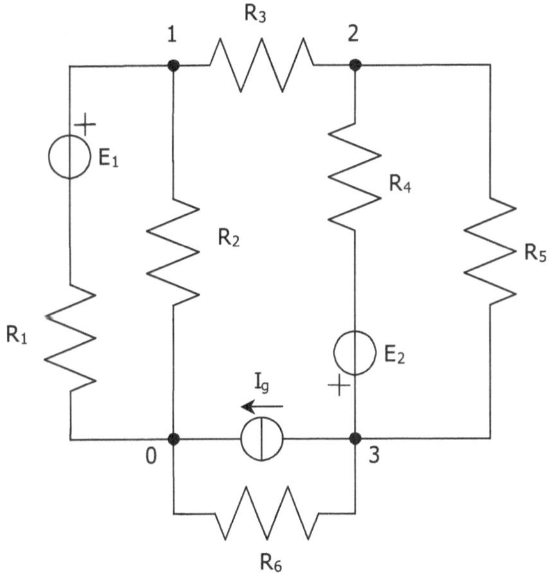

Soluzione

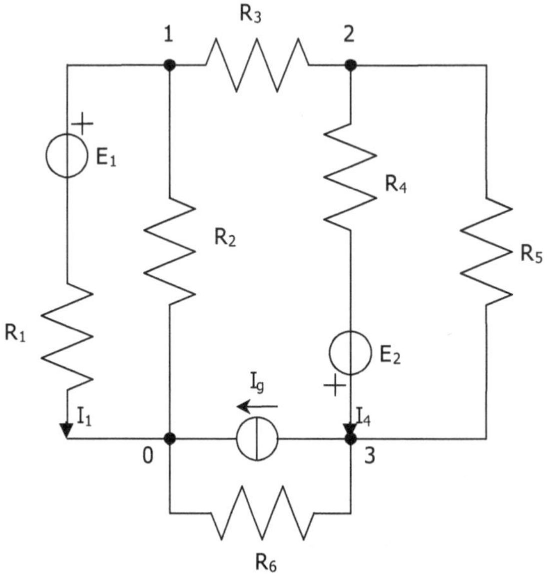

Bisogna scrivere il sistema risolvente nella forma $\mathbf{G} \cdot \mathbf{v} = \mathbf{I}$
Per prima cosa si scrivano le correnti che danno contributo al termine noto nei rami in cui sono presenti i generatori reali di tensione:

$I_{N1} = -\dfrac{E_1}{R_1}$ diretta dal nodo 1 al nodo 0

$I_{N4} = \dfrac{E_2}{R_4}$ diretta dal nodo 2 al nodo 3

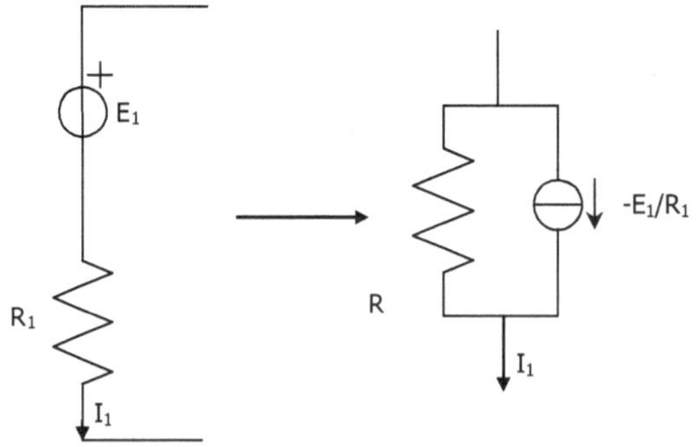

Le correnti calcolate in precedenza sono le correnti impresse dai generatori reali di corrente ottenuti attraverso la trasformazione di Norton del lato in cui è presente il generatore di tensione in serie alla

resistenza, quindi *non sono* le effettive correnti di lato I_1 e I_4 indicate in figura.
Ognuno dei termini del vettore dei termini noti sarà dato dalla somma delle correnti che entrano in un nodo, considerando positive le correnti entranti e negative quelle uscenti:

$$\boldsymbol{I} = \begin{bmatrix} -I_{L1} \\ -I_{L4} \\ I_{L4} - I_g \end{bmatrix} = \begin{bmatrix} \dfrac{E_1}{R_1} \\ -\dfrac{E_2}{R_4} \\ \dfrac{E_2}{R_4} - I_g \end{bmatrix}$$

La matrice delle conduttanze si ricava scrivendo sulla diagonale la somma delle conduttanze che confluiscono nel singolo nodo, e sui termini fuori dalla diagonale la somma, cambiata di segno, delle conduttanze comprese tra i due nodi considerati:

$$\mathbf{G} = \begin{bmatrix} G_1 + G_2 + G_3 & -G_3 & 0 \\ -G_3 & G_3 + G_4 + G_5 & -(G_4 + G_5) \\ 0 & -(G_4 + G_5) & G_4 + G_5 + G_6 \end{bmatrix}$$

Il sistema risolvente diventerà:

$$\begin{bmatrix} G_1 + G_2 + G_3 & -G_3 & 0 \\ -G_3 & G_3 + G_4 + G_5 & -(G_4 + G_5) \\ 0 & -(G_4 + G_5) & G_4 + G_5 + G_6 \end{bmatrix} \begin{bmatrix} V_1 \\ V_2 \\ V_3 \end{bmatrix} = \begin{bmatrix} \dfrac{E_1}{R_1} \\ -\dfrac{E_2}{R_4} \\ \dfrac{E_2}{R_4} - I_g \end{bmatrix}$$

ESERCIZIO 2

Data la rete in regime DC rappresentata in figura, scrivere in modo simbolico, sulla base della numerazione nodale indicata (0 nodo di riferimento), il sistema di equazioni relativo all'applicazione del metodo dei potenziali ai nodi, adottando il metodo diretto.

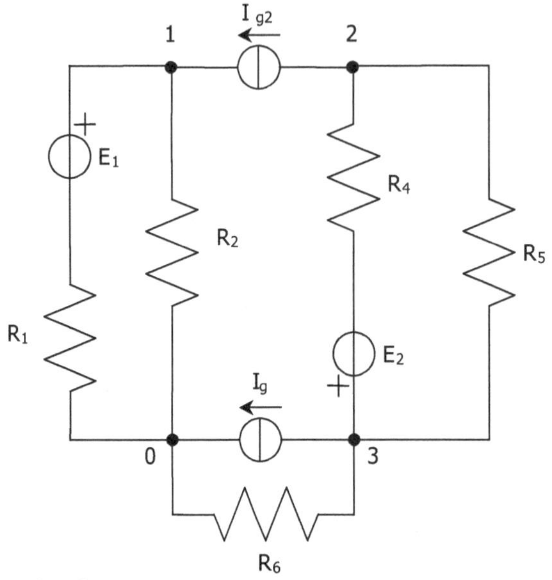

Soluzione

Bisogna scrivere il sistema di equazioni nella forma $\mathbf{G} \cdot \mathbf{v} = \mathbf{I}$

Per prima cosa si scrivano le correnti che danno contributo al termine noto nei rami in cui sono presenti i generatori reali di tensione.

$I_{L1} = -\frac{E_1}{R_1}$ diretta dal nodo 1 al nodo 0

$I_{L4} = \frac{E_2}{R_4}$ diretta dal nodo 2 al nodo 3

Ognuno dei termini noti sarà dato dalla somma delle correnti che entrano in un nodo, considerando positive le correnti entranti e negative quelle uscenti:

$$\boldsymbol{I} = \begin{bmatrix} I_{g2} - I_{L1} \\ -I_{g2} - I_{L4} \\ I_{L4} - I_g \end{bmatrix} = \begin{bmatrix} I_{g2} + \dfrac{E_1}{R_1} \\ -I_{g2} - \dfrac{E_2}{R_4} \\ \dfrac{E_2}{R_4} - I_g \end{bmatrix}$$

La matrice delle conduttanze si ricava, come nel caso precedente, scrivendo sulla diagonale la somma delle conduttanze che confluiscono nel singolo nodo, e sui termini fuori dalla diagonale la somma, cambiata di segno, delle conduttanze comprese tra i due nodi considerati:

$$\mathbf{G} = \begin{bmatrix} G_1 + G_2 & 0 & 0 \\ 0 & G_4 + G_5 & -(G_4 + G_5) \\ 0 & -(G_4 + G_5) & G_4 + G_5 + G_6 \end{bmatrix}$$

Si noti come tra il nodo 2 ed il nodo 1 ci sia solo un generatore di corrente, per cui il valore della conduttanza di quel lato è uguale a 0.

Il sistema risolvente diventerà:

$$\begin{bmatrix} G_1 + G_2 & 0 & 0 \\ 0 & G_4 + G_5 & -(G_4 + G_5) \\ 0 & -(G_4 + G_5) & G_4 + G_5 + G_6 \end{bmatrix} \begin{bmatrix} V_1 \\ V_2 \\ V_3 \end{bmatrix} = \begin{bmatrix} I_{g2} + \dfrac{E_1}{R_1} \\ -I_{g2} - \dfrac{E_2}{R_4} \\ \dfrac{E_2}{R_4} - I_g \end{bmatrix}$$

ESERCIZIO 3

Data la rete in corrente continua rappresentata in figura, scrivere in modo simbolico, sulla base della numerazione nodale indicata (0 nodo di riferimento), il sistema di equazioni relativo all'applicazione del metodo dei potenziali ai nodi, adottando il metodo diretto.

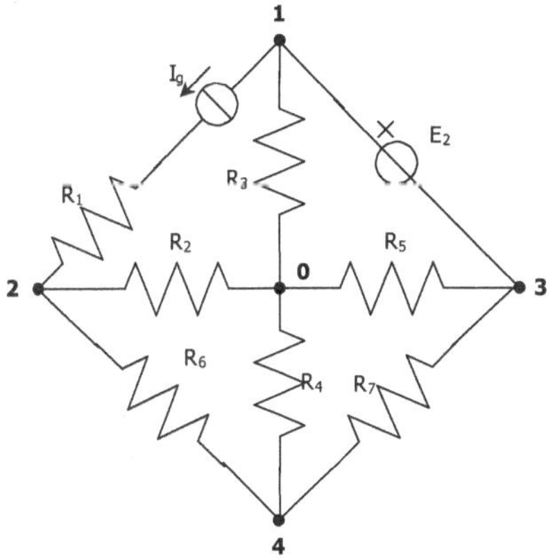

Soluzione

Bisogna scrivere il sistema risolvente nella forma $\mathbf{G} \cdot \mathbf{v} = \mathbf{I}$.

Tra il nodo 1 ed il nodo 3 vi è solo un generatore di tensione, per cui è necessario applicare il metodo dei potenziali ai nodi modificato. Si consideri pertanto come incognita la corrente che attraversa il generatore, supponendo che essa sia a priori nota:

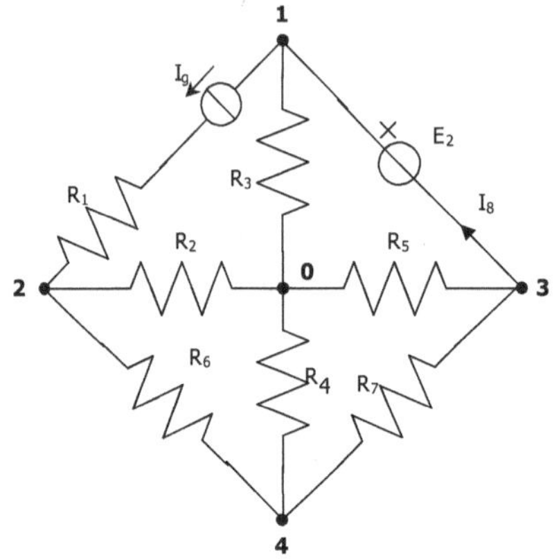

Ognuno dei termini del vettore dei termini noti sarà dato dalla somma delle correnti che entrano in un nodo, considerando positive le correnti entranti e negative quelle uscenti:

$$\mathbf{I} = \begin{bmatrix} I_8 - I_g \\ I_g \\ -I_8 \\ 0 \end{bmatrix}$$

Avendo introdotto una nuova incognita bisognerà introdurre un'equazione in più:

$V_1 - V_3 = E_2$

La matrice delle conduttanze si ricava scrivendo sulla diagonale la somma delle conduttanze che confluiscono nel singolo nodo, e sui termini fuori dalla diagonale la somma, cambiata di segno, delle conduttanze comprese tra i due nodi considerati, stando attenti che il lato con il generatore di corrente in serie alla resistenza non da contributo nella matrice delle conduttanze:

$$\boldsymbol{G} = \begin{bmatrix} G_3 & 0 & 0 & 0 \\ 0 & G_2 + G_6 & 0 & -G_6 \\ 0 & 0 & G_5 + G_7 & -G_7 \\ 0 & -G_6 & -G_7 & G_4 + G_6 + G_7 \end{bmatrix}$$

Tra il nodo 2 ed il nodo 1 vi è un generatore di corrente con in serie una resistenza; nella scrittura del sistema questo lato contribuirà solo con in generatore nel termine noto, ma non con la conduttanza. Il motivo dell'assenza della conduttanza deriva dalla dimostrazione del metodo dei potenziali ai nodi ottenuta scrivendo le equazioni di Kirchhoff delle correnti nei nodi ed esprimendole in funzione dei potenziali.

Il sistema risolvente diventerà:

$$\begin{bmatrix} G_3 & 0 & 0 & 0 \\ 0 & G_2+G_6 & 0 & -G_6 \\ 0 & 0 & G_5+G_7 & -G_7 \\ 0 & -G_6 & -G_7 & G_4+G_6+G_7 \end{bmatrix} \begin{bmatrix} V_1 \\ V_2 \\ V_3 \\ V_4 \end{bmatrix} = \begin{bmatrix} I_8 - I_g \\ I_g \\ -I_8 \\ 0 \end{bmatrix}$$

con

$V_3 - V_1 = -E_2$

Questo sistema non è ancora risolvibile, poichè la corrente I_8 compare al termine noto, pur essendo un incognita del problema. Portando a sinistra del segno uguale la corrente I_8 e aggiungendo l'ultima equazione il sistema diventa:

$$\begin{bmatrix} G_3 & 0 & 0 & 0 & -1 \\ 0 & G_2+G_6 & 0 & -G_6 & 0 \\ 0 & 0 & G_5+G_7 & -G_7 & +1 \\ 0 & -G_6 & -G_7 & G_4+G_6+G_7 & 0 \\ -1 & 0 & +1 & 0 & 0 \end{bmatrix} \begin{bmatrix} V_1 \\ V_2 \\ V_3 \\ V_4 \\ I_8 \end{bmatrix} = \begin{bmatrix} -I_g \\ I_g \\ 0 \\ 0 \\ -E_2 \end{bmatrix}$$

In particolare si può osservare come la scrittura del sistema avviene aggiungendo una riga ed una colonna al sistema che si scriverebbe con l'analisi nodale pura. Nella colonna relativa alla corrente incognita comparirà un +1 in corrispondenza del nodo in cui esce la corrente ed un -1 in corrispondenza di quello in cui entra. Nella riga corrispondente all'equazione aggiuntiva compariranno invece un +1 ed un -1 a seconda della numerazione dei nodi.

ESERCIZIO 4

Data la rete in corrente continua rappresentata in figura, scrivere in modo simbolico, sulla base della numerazione nodale indicata (0 nodo di riferimento), il sistema di equazioni relativo all'applicazione del metodo dei potenziali ai nodi, adottando il metodo diretto.

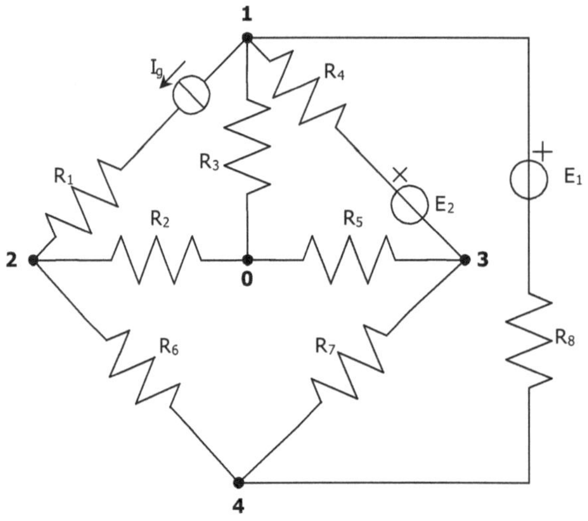

Soluzione

Bisogna scrivere il sistema risolvente nella forma $\mathbf{G} \cdot \mathbf{v} = \mathbf{I}$

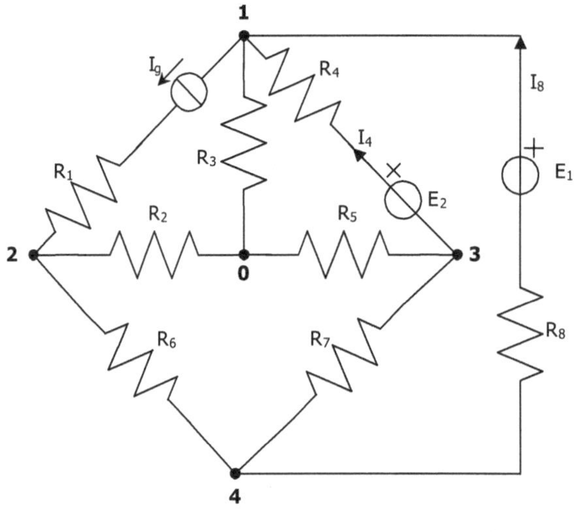

Per prima cosa si scrivano le correnti che danno contributo al termine noto nei rami in cui sono presenti i generatori reali di tensione.

$I_{L4} = \frac{E_1}{R_8}$ diretta dal nodo 4 al nodo 1

$I_{L8} = \frac{E_2}{R_4}$ diretta dal nodo 3 al nodo 1

Ognuno dei termini del vettore dei termini noti sarà dato dalla somma delle correnti che entrano in un nodo, considerando positive le correnti entranti e negative quelle uscenti:

$$\mathbf{I}=\begin{bmatrix} I_{L4}+I_{L8}-I_g \\ I_g \\ -I_{L4} \\ -I_{L8} \end{bmatrix}=\begin{bmatrix} \frac{E_1}{R_8}+\frac{E_2}{R_4}-I_g \\ I_g \\ -\frac{E_1}{R_8} \\ -\frac{E_2}{R4} \end{bmatrix}$$

La matrice delle conduttanze si ricava scrivendo sulla diagonale la somma delle conduttanze che confluiscono nel singolo nodo, e sui termini fuori dalla diagonale la somma, cambiata di segno, delle conduttanze comprese tra i due nodi considerati:

$$\boldsymbol{G}=\begin{bmatrix} G_3+G_4+G_8 & 0 & -G_4 & -G_8 \\ 0 & G_2+G_6 & 0 & -G_6 \\ -G_4 & 0 & G_5+G_4+G_7 & -G_7 \\ -G_8 & -G_6 & -G_7 & G_7+G_8+G_6 \end{bmatrix}$$

Si noti come tra il nodo 2 ed il nodo 1 ci sia un generatore di corrente con in serie una resistenza, *per cui il valore della conduttanza di quel lato è uguale a 0.*

Il sistema risolvente diventerà:

$$\begin{bmatrix} G_3+G_4+G_8 & 0 & -G_4 & -G_8 \\ 0 & G_2+G_6 & 0 & -G_6 \\ -G_4 & 0 & G_5+G_4+G_7 & -G_7 \\ -G_8 & -G_6 & -G_7 & G_7+G_8+G_6 \end{bmatrix}\begin{bmatrix} V_1 \\ V_2 \\ V_3 \\ V_4 \end{bmatrix}=\begin{bmatrix} \frac{E_1}{R_8}+\frac{E_2}{R_4}-I_g \\ I_g \\ -\frac{E_1}{R_8} \\ -\frac{E_2}{R_4} \end{bmatrix}$$

ESERCIZIO 5

Data la rete in corrente continua rappresentata in figura, scrivere in modo simbolico, sulla base della numerazione nodale indicata (0 nodo di riferimento), il sistema di equazioni relativo all'applicazione del metodo dei potenziali ai nodi, adottando il metodo diretto.

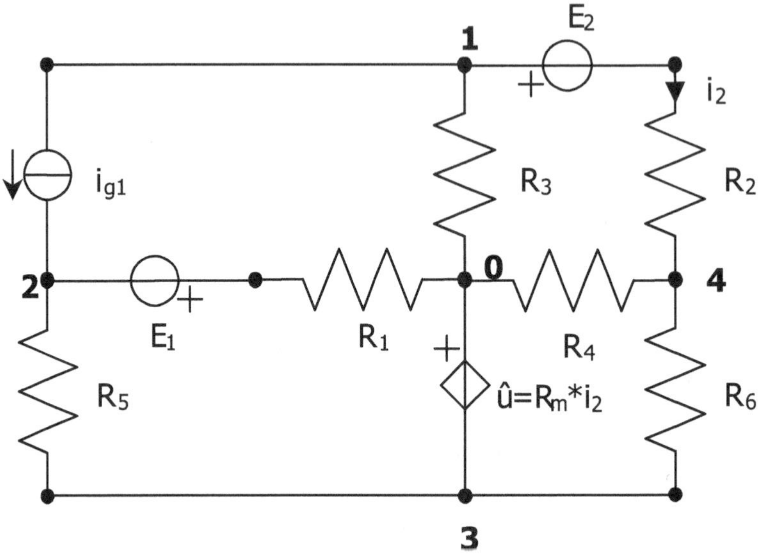

Soluzione

Bisogna scrivere il sistema risolvente nella forma $\mathbf{G} \cdot \mathbf{v} = \mathbf{I}$

Per prima cosa si scrivano le correnti che danno contributo al termine noto nei rami in cui sono presenti i generatori reali di tensione.

$I_{L2} = \frac{E_2}{R_2}$ diretta dal nodo 0 al nodo 1

$I_{L1} = \frac{E_1}{R_1}$ diretta dal nodo 2 al nodo 0

La rete analizzata presenta tra il nodo 0 ed il nodo tre un generatore pilotato di tensione che non è in serie a nessuna resistenza, questo generatore si comporta ai fini del metodo esattamente come un generatore ideale di tensione, ipotizzando nota la grandezza pilota. Per questo motivo è necessario utilizzare il metodo del potenziale ai nodi modificato: sarà necessario considerare come incognita la corrente di lato che attraversa il generatore I_U e scrivere un equazione aggiuntiva al sistema risolutivo.

Ognuno dei termini del vettore dei termini noti sarà dato dalla somma delle correnti che entrano in un nodo, considerando positive le correnti entranti e negative quelle uscenti si avrà:

$$\mathbf{I} = \begin{bmatrix} I_{L2} - I_{g1} \\ I_{g1} - I_{L1} \\ -I_U \\ -I_{L2} \end{bmatrix} = \begin{bmatrix} \frac{E_2}{R_2} - I_{g1} \\ I_{g1} - \frac{E_1}{R_1} \\ -I_U \\ -\frac{E_2}{R_2} \end{bmatrix}$$

La matrice delle conduttanze si ricava, come nel caso dell'analisi pura, scrivendo sulla diagonale la somma delle conduttanze che confluiscono nel singolo nodo, e sui termini fuori dalla diagonale la somma, cambiata di segno, delle conduttanze comprese tra i due nodi considerati:

$$\boldsymbol{G} = \begin{bmatrix} G_3 + G_2 & 0 & 0 & -G_2 \\ 0 & G_1 + G_5 & -G_5 & 0 \\ 0 & -G_5 & G_5 + G_6 & -G_6 \\ -G_2 & 0 & -G_6 & G_2 + G_4 + G_6 \end{bmatrix}$$

A questo punto bisogna aggiungere un equazione, che si ricava direttamente dai potenziali nei nodi:

$$v_3 - v_0 = -\hat{u} = -R_m i_2$$

La presenza del generatore pilotato introduce, però, una nuova incognita, che è la grandezza pilota. Questa incognita deve essere determinata perchè il sistema sia risolvibile. Sarà necessario, pertanto, introdurre una nuova equazione. Anche in questo caso si ricorre ai potenziali ai nodi, per cui si può scrivere l'equazione di Kirchhoff delle tensioni applicata alla maglia generalizzata formata dal lato compreso tra i nodi 1 e 4, lato su cui è presente la grandezza pilota. Si avrà allora:

$$v_4 - v_1 = -E_2 - R_2 i_2$$

Bisogna notare che la corrente pilota è *la corrente di lato* i_2, che è diversa da quella dovuta al generatore equivalente di Norton del lato I_{L2}.

Il sistema risultante sarà allora:

$$\begin{bmatrix} G_3+G_2 & 0 & 0 & -G_2 \\ 0 & G_1+G_5 & -G_5 & 0 \\ 0 & -G_5 & G_5+G_6 & -G_6 \\ -G_2 & 0 & -G_6 & G_2+G_4+G_6 \end{bmatrix} \begin{bmatrix} v_1 \\ v_2 \\ v_3 \\ v_4 \end{bmatrix} = \begin{bmatrix} \dfrac{E_2}{R_2} - I_{g1} \\ I_{g1} - \dfrac{E_1}{R_1} \\ -I_U \\ -\dfrac{E_2}{R_2} \end{bmatrix}$$

con l'aggiunta delle due equazioni:

$$v_3 - v_0 = -\hat{u} = -R_m i_2$$
$$v_4 - v_1 = -E_2 - R_2 i_2$$

Il sistema opportunamente riscritto diventa:

$$\begin{bmatrix} G_3+G_2 & 0 & 0 & -G_2 & 0 & 0 \\ 0 & G_1+G_5 & -G_5 & 0 & 0 & 0 \\ 0 & -G_5 & G_5+G_6 & -G_6 & +1 & 0 \\ -G_2 & 0 & -G_6 & G_2+G_4+G_6 & 0 & 0 \\ 0 & 0 & +1 & 0 & 0 & +R_m \\ -1 & 0 & 0 & +1 & 0 & R_2 \end{bmatrix} \begin{bmatrix} v_1 \\ v_2 \\ v_3 \\ v_4 \\ I_U \\ i_2 \end{bmatrix} =$$

$$= \begin{bmatrix} \dfrac{E_2}{R_2} - I_{g1} \\ I_{g1} - \dfrac{E_1}{R_1} \\ 0 \\ -\dfrac{E_2}{R_2} \\ 0 \\ E_2 \end{bmatrix}$$

Anche in questo caso il sistema per essere risolvibile è stato riorganizzato, aggiungendo due incognite: la corrente nel generatore di tensione I_U e la grandezza pilota i_2.

ESERCIZIO 6

Data la rete in corrente continua rappresentata in figura, scrivere in modo simbolico, sulla base della numerazione nodale indicata (0 nodo di riferimento), il sistema di equazioni relativo all'applicazione del metodo dei potenziali ai nodi, adottando il metodo diretto.

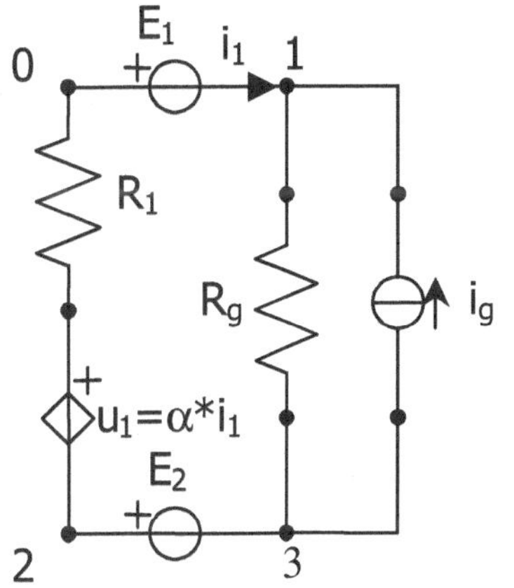

Soluzione

Bisogna scrivere il sistema risolvente nella forma $\mathbf{G} \cdot \mathbf{v} = \mathbf{I}$

Si determinino per prima cosa i contributi al termine noto degli equivalenti Norton dei lati in cui sono presenti generatori di tensione con in serie delle resistenze.

Il generatore dipendente u_1 si comporta come un generatore indipendente ai fini del contributo al vettore dei termini noti, l'unica differenza è che viene introdotta una nuova incognita che è il valore della grandezza pilota I_1 coincidente con la corrente incognita nel generatore ideale di tensione.

$I_{L1} = \frac{u_1}{R_1}$ diretta dal nodo 2 al nodo 0

I due generatori indipendenti E_1 ed E_2 sono collegati direttamente ai nodi della rete, per cui è necessario applicare il metodo di analisi modificato, introducendo due correnti incognite I_1 e I_2.
Ognuno dei termini del vettore dei termini noti sarà perciò dato dalla somma delle correnti che entrano in un nodo, considerando positive le correnti entranti e negative quelle uscenti si avrà:

$$\boldsymbol{I} = \begin{bmatrix} I_1 - I_g \\ I_2 - I_{L1} \\ I_g - I_2 \end{bmatrix} = \begin{bmatrix} I_1 - I_g \\ I_2 - \dfrac{u_1}{R_1} \\ I_g - I_2 \end{bmatrix}$$

L'aggiunta delle due correnti richiede due nuove equazioni per rendere il sistema risolvibile:

$$v_3 - v_2 = -E_2$$

$$v_0 - v_1 = E_1$$

La presenza del generatore dipendente, richiederebbe una nuova equazione per determinare il pilota, ma in questo caso essa coincide con la corrente incognita del generatore E_1 che già compare nella matrice di dei termini noti.

La matrice delle conduttanze sarà:

$$\boldsymbol{G} = \begin{bmatrix} G_g & 0 & -G_g \\ 0 & G_1 & 0 \\ -G_g & 0 & G_g \end{bmatrix}$$

Per cui il sistema conclusivo potrà essere scritto nella forma:

$$\begin{bmatrix} G_g & 0 & -G_g \\ 0 & G_1 & 0 \\ -G_g & 0 & G_g \end{bmatrix} \begin{bmatrix} v_1 \\ v_2 \\ v_3 \end{bmatrix} = \begin{bmatrix} I_1 - I_g \\ I_2 - \dfrac{u_1}{R_1} \\ I_g - I_2 \end{bmatrix}$$

Che riorganizzato, in modo da essere risolvibile, diventa:

$$\begin{bmatrix} G_g & 0 & -G_g & -1 & 0 \\ 0 & G_1 & 0 & \dfrac{\alpha}{R_1} & -1 \\ -G_g & 0 & G_g & 0 & +1 \\ -1 & 0 & 0 & 0 & 0 \\ 0 & -1 & +1 & 0 & 0 \end{bmatrix} \begin{bmatrix} V_1 \\ V_2 \\ V_3 \\ I_1 \\ I_2 \end{bmatrix} = \begin{bmatrix} -I_g \\ 0 \\ I_g \\ E_1 \\ -E_1 \end{bmatrix}$$

CAPITOLO 4

GENERATORI PILOTATI IN RETI RESISTIVE

ESERCIZIO 1

Sia data la rete elettrica in figura con il seguente valore dei parametri
$R_1=4\ \Omega$ $R_2=2\ \Omega$ $R_3=6\ \Omega$
$E_1=120$ V $E_2=12$ V $E_3=3V_x$ V
Calcolare il valore della grandezza pilota V_x e la potenza assorbita dal resistore R_2

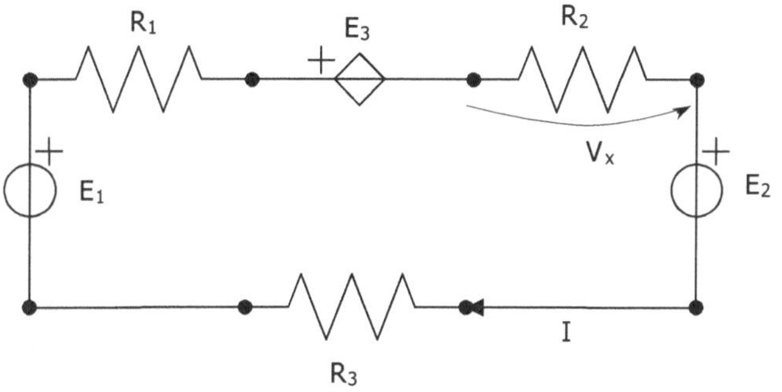

Soluzione

La soluzione della rete si basa sulla scrittura delle equazioni di Kirchhoff delle tensioni in funzione della corrente I uguale in tutti i componenti della maglia.
Si otterrà in questo modo la seguente relazione

$$V_{R_1} + E_3 - V_x + E_2 + V_{R_3} - E_1 = 0$$

ossia

$$V_{R_1} + 3V_x - V_x + E_2 + V_{R_3} - E_1 = 0$$

dove V_x diventa, secondo la convenzione dei generatori, $V_x=-R_2I$
Di conseguenza l'equazione di maglia diventa in funzione di I:

$$R_1I + 3(-R_2I) - (-R_2I) + E_2 + R_3I - E_1 = 0$$

da cui si ricava

$$I = \frac{E_1 - E_2}{R_1 - 2R_2 + R_3} = 18 \text{ A}$$

da cui si ricava il valore della grandezza pilota $V_x = -R_2 I = -36$ V

Di conseguenza il valore della potenza sarà $P_{R_2} = R_3 I^2 = 648$ W

ESERCIZIO 2

Sia data la rete mostrata in figura con i seguenti valori dei parametri:

R_1=4Ω R_2=8Ω R_3=2Ω I_g=2I_2 E_g=12V

Calcolare il valore della corrente pilota I_2 e della tensione V_{AB}.

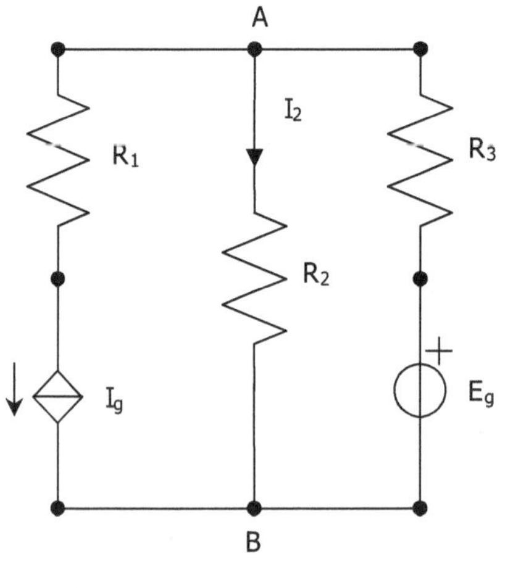

Soluzione

La rete può essere risolta applicando il Teorema di Millmann ai morsetti AB, ricordando che il lato in cui compare il generatore di corrente con in serie un resistore equivale ad un generatore di corrente ideale, per cui:

$$V_{AB} = \frac{-I_g + \dfrac{E_g}{R_3}}{\dfrac{1}{R_2} + \dfrac{1}{R_3}} = \frac{-2I_2 + \dfrac{E_g}{R_3}}{\dfrac{1}{R_2} + \dfrac{1}{R_3}}$$

Lo scopo è quello di ricavare la grandezza pilota per cui è importante avere un equazione in una sola incognita. Si ponga allora $V_{AB} = R_2 I_2$, per cui si avrà:

$$R_2 I_2 = \frac{-2I_2 + \frac{E_g}{R_3}}{\frac{1}{R_2} + \frac{1}{R_3}}$$

da cui si ricava:

$$I_2 = \frac{\frac{E_g}{R_3}}{3 + \frac{R_2}{R_3}} = 0.85\ A$$

$$V_{AB} = R_2 I_2 = 6.85\ V$$

ESERCIZIO 3

Data la rete riportata in figura con il seguente valore dei parametri:

$R_1=6\Omega$ $R_3=3\Omega$ $R_4=6\Omega$ $R_5=3\Omega$

$I_g=12I_1$ $E_g=18V$

Calcolare il valore della grandezza pilota I_1 ed il valore della potenza generata da E_g

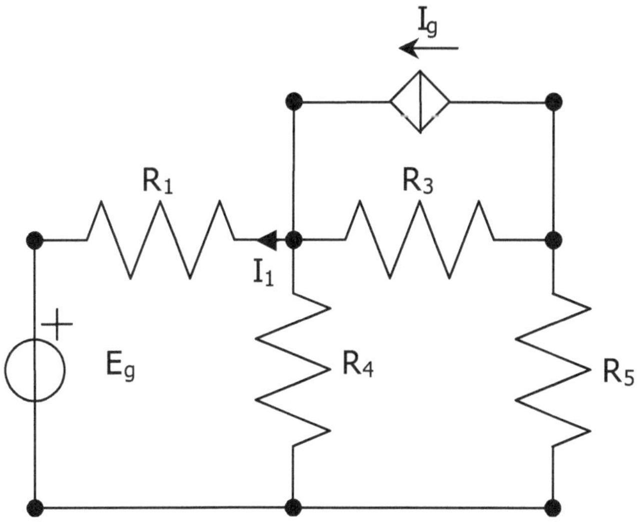

Soluzione

La rete verrà risolta in questo caso utilizzando il principio di sovrapposizione degli effetti, che rimane valido anche in presenza di generatori pilotati, supponendo in un primo momento come se fosse noto il valore della grandezza pilota ed aggiungendo un equazione che permetta di ricavarla.

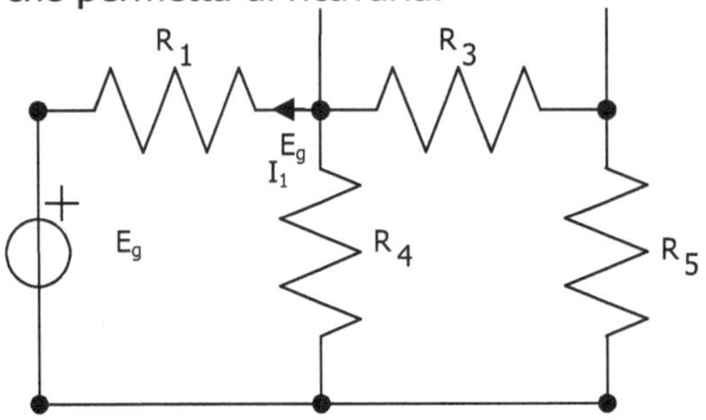

Per prima cosa si consideri il contributo del solo generatore di tensione, per cui si avrà dal circuito precedente:

$$I_1^{E_g} = -\frac{E_g}{R_1 + \left(\dfrac{R_4(R_3+R_5)}{R_4+R_3+R_5}\right)} = -2\,A$$

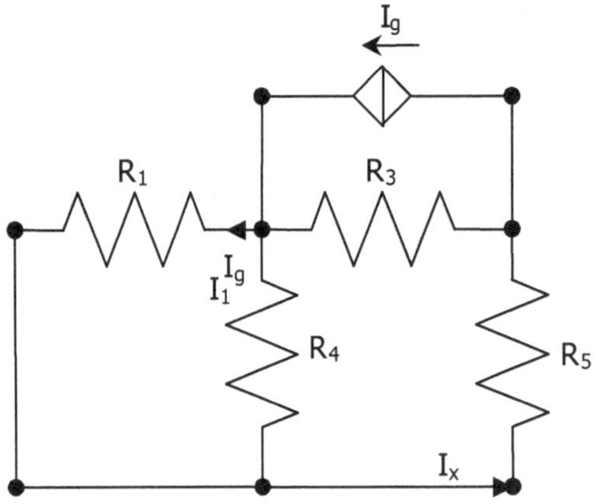

Si calcoli adesso il contributo del generatore pilotato utilizzando il partitore di corrente applicato alle resistenze R_3 in parallelo con la resistenza equivalente $R_{eq} = \dfrac{R_1 R_4}{R_1 + R_4} + R_5 = 6\,\Omega$:

$$I_x = \frac{R_3}{(R_{eq}+R_3)} I_g = 4I_1$$

Riapplicando il partitore di corrente al parallelo tra R_1 e R_4 si avrà

$$I_1^{I_g} = \frac{R_4}{(R_1 + R_4)} I_x = 2I_1$$

Il valore della corrente cercato sarà:

$I_1 = I_1^{E_g} + I_1^{I_g} = -2 + 2I_1$ da cui si ha $I_1 = 2$ A

Il valore della potenza generata dal generatore di tensione utilizzando la convenzione di segno dei generatori sarà $P_{E_g} = E_g(-I_1) = -36$ W.

Ciò significa che il generatore eroga potenza negativa, quindi assorbe potenza.

ESERCIZIO 4

Data la rete rappresentata in figura, in cui:

$R_1=2\ \Omega$ $R_2=4\ \Omega$

$E_1=2$ V$I_g=1$ A $E_2=2\ V_{ab}$

Determinare:

a) la grandezza pilota V_{AB}

b) la potenza erogata dal generatore E_1 e la potenza assorbita da R_2

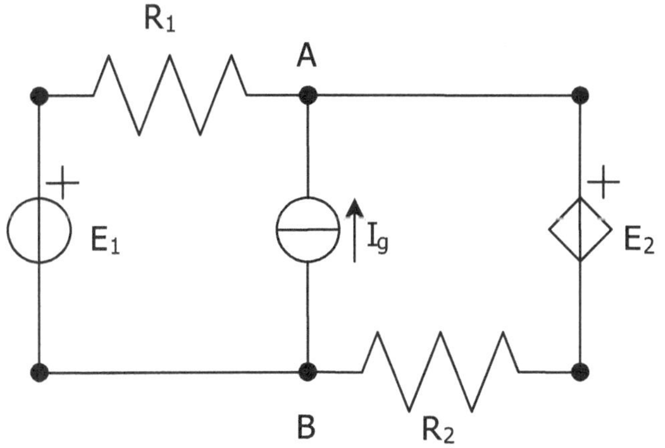

Soluzione

Risposta a)

Adottiamo il metodo della sovrapposizione degli effetti. Determiniamo contemporaneamente il contributo dei due generatori indipendenti.

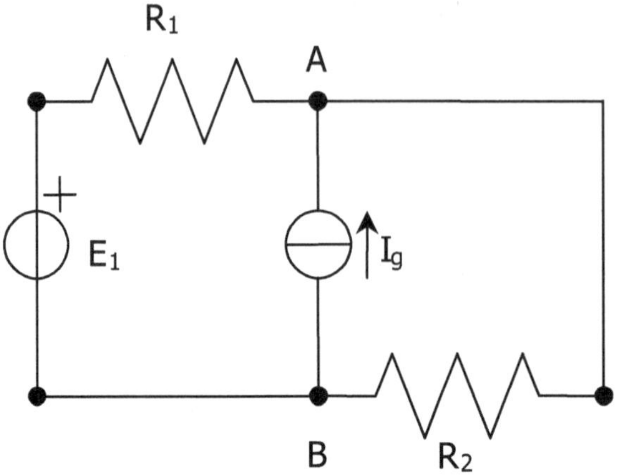

Dal circuito rappresentato in figura, ottenuto spegnendo il generatore pilotato, si può impostare il calcolo utilizzando il teorema i Millmann, ottenendo in questo modo la relazione espressa di seguito:

$$V_{AB}^{EI} = \frac{\frac{E_1}{R_1} + I_g}{\frac{1}{R_1} + \frac{1}{R_2}} = 2.67 \ V$$

Consideriamo ora il contributo del generatore dipendente, la rete da studiare risulta quella mostrata nella figura seguente.

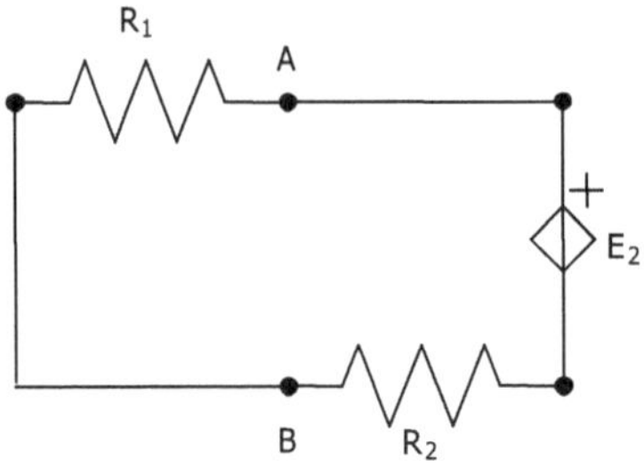

$$V_{AB}^{E2} = \frac{E_2}{R_1 + R_2} R_1 = 0.34 E_2 \ V$$

Sovrapponendo gli effetti:

$$V_{AB} = V_{AB}^{EI} + V_{AB}^{E2} = 2.67 + 0.34 E_2$$

Ricordando $E_2 = 2\ V_{ab}$ si ottiene

$$V_{AB} = 8.34 \ V$$

Risposta b)

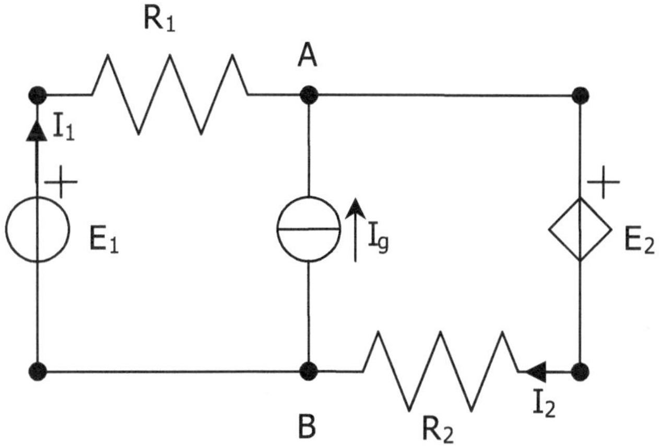

La corrente che circola in E_1 è pari a:

$$I_1 = \frac{V_{AB} - E_1}{R_1} = 3.17\ A$$

La potenza erogata da E_1 è pari a:

$$P_1 = -E_1 I_1 = -6.34\ W$$

La corrente che circola in R_2 è pari a:

$$I_2 = \frac{V_{AB} - E_2}{R_2} = -2.11\ A$$

La potenza assorbita da R_2 è pari a:

$$P_2 = R_2 I_2^{\ 2} = 17.808\ W$$

ESERCIZIO 5

Data la rete rappresentata in figura, determinare il valore della corrente nella resistenza R_6.

R_1=2 Ω R_2=3 Ω R_3=4 Ω
R_4=2 Ω R_5=1 Ω R_6=8 Ω
E_1=10 V I_g=2I

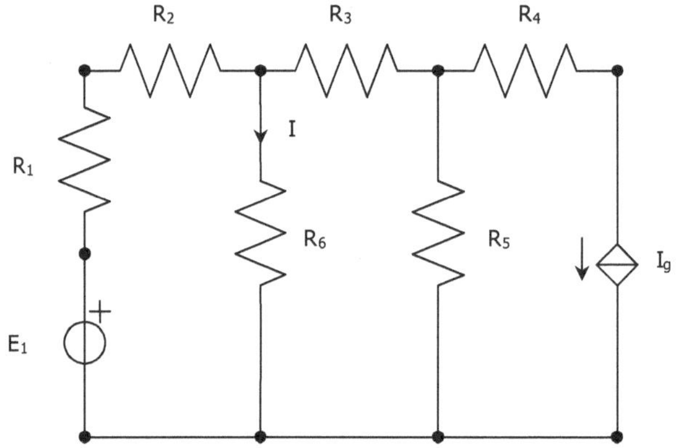

Soluzione

Nella soluzione dell'esercizio viene adottato il metodo della sovrapposizione degli effetti. Per prima cosa determiniamo il contributo del generatore indipendente di tensione E_1, ottenendo in questo modo la rete mostrata nella figura seguente.

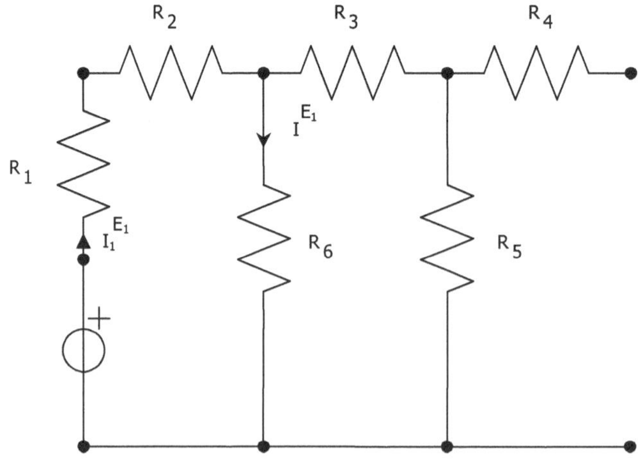

$$I_1^{E1} = \frac{E_1}{\frac{(R_3 + R_5)R_6}{R_3 + R_5 + R_6} + R_2 + R_1}$$

da cui si ricava, applicando un partitore di corrente:

$$I^{E1} = I_1^{E1}\,\frac{R_5 + R_3}{R_5 + R_3 + R_6} = 0.48\ A$$

Si annulli adesso il generatore di tensione:

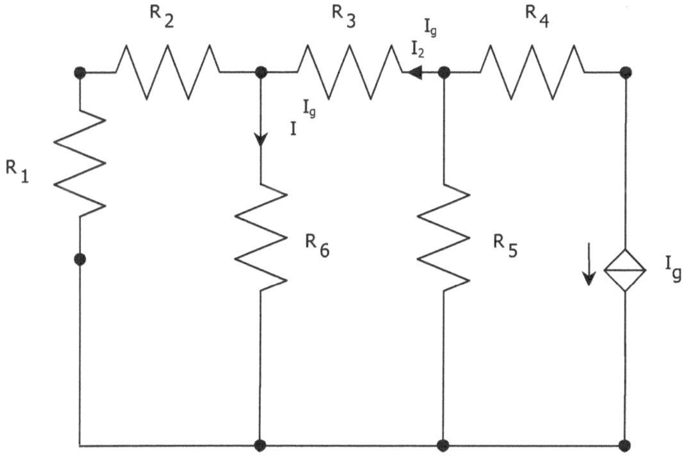

$$I_2^{Ig} = -I_g\,\frac{R_5}{R_5 + R_3 + \frac{(R_1 + R_2)}{R_1 + R_2 + R_6}}$$

$$I^{Ig} = I_2^{Ig} \cdot \frac{R_1 + R_2}{R_1 + R_2 + R_6} = -0.047 \cdot I_g$$

La corrente incognita è dunque pari a:

$$I = I^{E1} + I^{Ig} = -2I \cdot 0.047 + 0.48\ \ A$$

Da qui si può ricavare I.

$$I = 0.44\,A$$

ESERCIZIO 6

Il circuito opera in regime stazionario e i suoi parametri sono:
I_g = 60 A E_g= 0.5I_x R_1 = 20 Ω R_2 = 60 Ω
R_3 = 30 Ω
Calcolare la corrente I_x

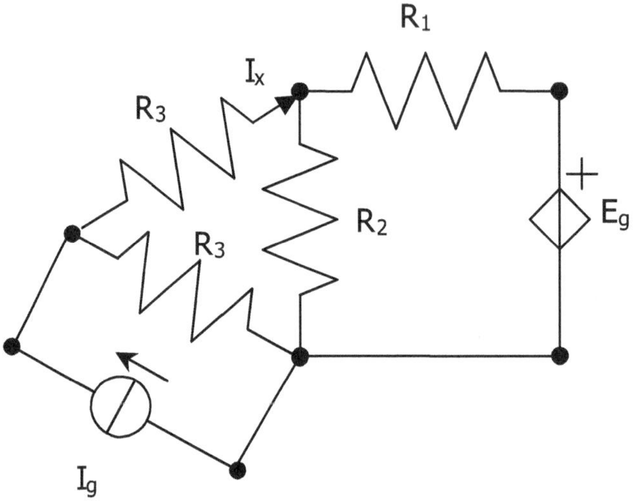

Soluzione
Si consideri il contributo del solo generatore di corrente I_g. Il valore della corrente cercata sarà dato dal partitore di corrente applicato alla rete:

$$I_x^{I_g} = \frac{R_3}{\left(\frac{R_1 R_2}{R_1 + R_2} + R_3\right) + R_3} I_g = 24A$$

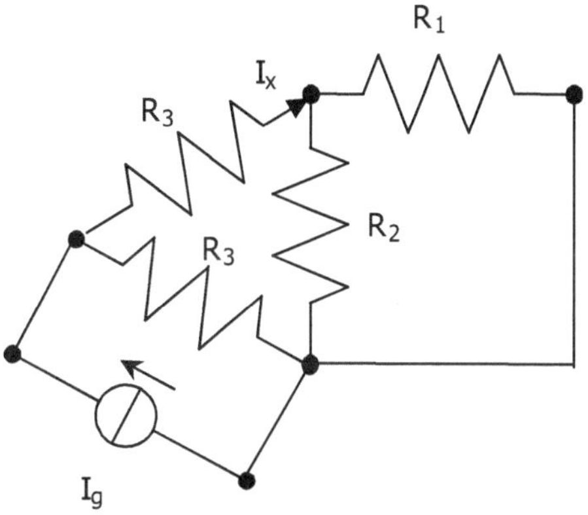

Il contributo del generatore pilotato di tensione E_g sarà pertanto calcolabile come

$$I_x^{E_g} = -\frac{V_{R_2}}{2R_3}$$

dove $V_{R_2} = \dfrac{\dfrac{(R_3+R_3)R_2}{(R_3+R_3)+R_2}}{R_1+\left(\dfrac{(R_3+R_3)R_2}{(R_3+R_3)+R_2}\right)} E_g = 0.3 I_x$ avendo applicato il partitore di tensione.

Per cui si avrà: $I_x^{E_g} = -\dfrac{1}{200} I_x$

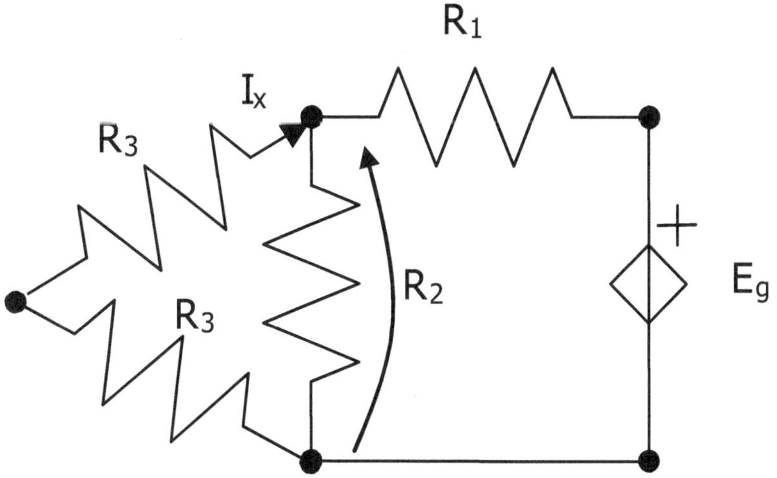

Il valore della corrente complessivo sarà pertanto:

$$I_x = I_x^{E_g} + I_x^{I_g} = 24 - \frac{1}{200} I_x \text{ da cui } I_x = 8.23A$$

ESERCIZIO 7

Sia data la rete in figura con il seguente significato dei parametri:
I_g=5 A R_1=10 Ω R_2=15 Ω E_g=5*I V
Calcolare il valore della grandezza pilota I e della tensione V_{AB}.

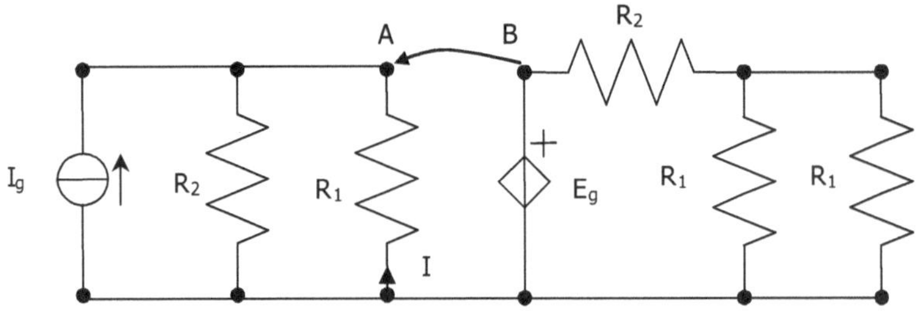

Soluzione
La rete è in realtà composta da due sottoreti accoppiate l'una all'altra solo attraverso il generatore pilotato di tensione. Ciò che succede nella sottorete di sinistra influenza la sottorete di destra, mentre non vale il contrario.
Per cui la corrente pilota può essere calcolata, utilizzando un partitore di corrente, in modo indipendente dalla presenza del generatore pilotato:

$$I = -\frac{R_2}{R_2 + R_1} I_g = -3\ A$$

A questo punto il generatore pilotato di tensione avrà valore

$$E_g = 5I = -15\,V$$

Il valore della tensione V_{AB} può essere calcolato scrivendo l'equazione di maglia:

$$V_{AB} + R_1 I + E_g = 0$$

da cui:

$$V_{AB} = 45\,V$$

ESERCIZIO 8

Sia data la rete in figura con il seguente significato dei parametri:
$I_1=5$ A $R_1=10\ \Omega$ $R_2=15\ \Omega$ $E_1=10V_1$ V
Calcolare l'equivalente di Thevenin ai morsetti AB

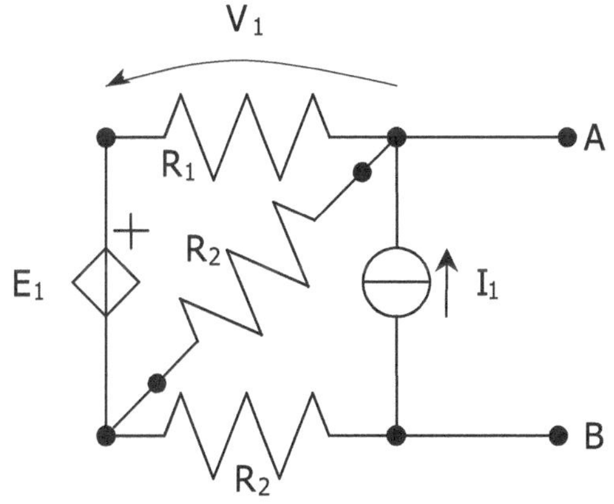

Soluzione

Per prima cosa si calcoli la tensione V_{AB} utilizzando il teorema di sovrapposizione degli effetti.
Si consideri per primo il contributo del solo generatore di tensione. La rete equivalente diventa:

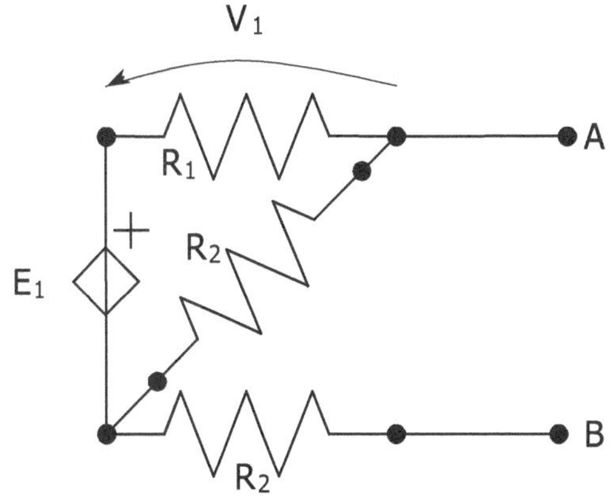

Per cui si avrà, applicando il partitore di tensione:

$$V^{E_1}{}_{AB} = \frac{R_2}{R_1 + R_2} E_1 = 6 * V_1$$

e

$$V_i^{E_1} = \frac{R_1}{R_1 + R_2} E_1 = 4 * V_1$$

Considerando adesso il solo generatore di corrente si avrà la seguente rete:

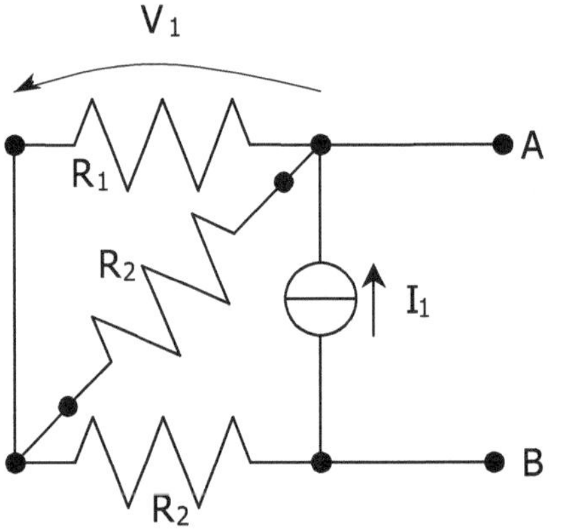

I valori delle tensioni incongnite saranno:

$$V^{I_1}{}_{AB} = \left(\frac{R_1 R_2}{R_1 + R_2} + R_2 \right) I_1 = 105 \ V$$

e, applicando il partitore di corrente:

$$V^{I_1}{}_1 = -R_1 \left(\frac{R_2}{R_1 + R_2} \right) I_1 = -30\,V$$

per cui

$V_1 = V^{E_1}{}_1 + V^{I_1}{}_1 = 4 * V_1 - 30$ ottenendo così $V_1 = 10\,V$

La tensione V_{AB} diventa in questo modo:

$V_{AB} = 6 * V_1 + 105 = 170\,V$

Bisogna a questo punto calcolare il valore della resistenza equivalente di Thevenin. Per fare questo è necessario annullare i generatori indipendenti, stando attenti a non annullare anche quelli indipendenti, che concorrono al valore della resistenza di Thevenin, la quale sarà data dal rapporto tra la tensione e la corrente ai morsetti. Si annulli, pertanto il generatore di corrente e si alimenti la rete con un generatore di corrente di valore unitario. Si avrà la seguente rete, che è del tutto analoga alla precedente:

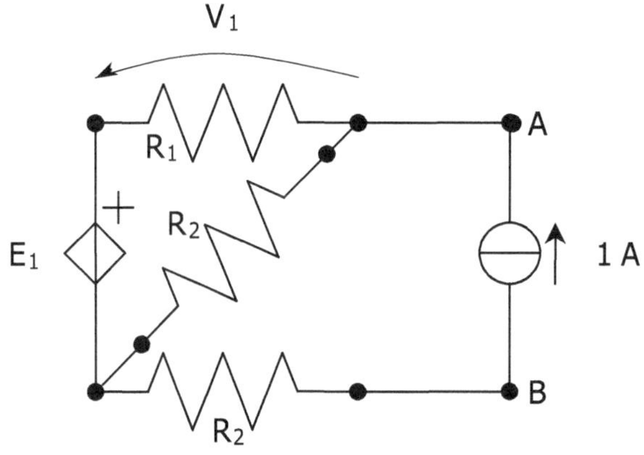

Applicando, pertanto, la sovrapposizione degli effetti si avrà:

$$V^{E_1}{}_{AB} = \frac{R_2}{R_1 + R_2} E_1 = 6 * V_1$$

$$V^{E_1}{}_1 = \frac{R_1}{R_1 + R_2} E_1 = 4 * V_1$$

$$V^1{}_{AB} = \left(\frac{R_1 R_2}{R_1 + R_2} + R_2 \right) \cdot 1 = 21\ V$$

$$V^1{}_1 = -R_1 \left(\frac{R_2}{R_1 + R_2} \right) \cdot 1 = -6\,V$$

per cui

$V_1 = V^{E_1}{}_1 + V^1{}_1 = 4 * V_1 - 6$ ottenendo così $V_1 = 2V$

La tensione V_{AB} diventa in questo modo:

$V_{AB} = 6 * V_1 + 21 = 33\,V$

Per cui $R_{AB} = \frac{V_{AB}}{1} = 33\Omega$

E' da notare come nel calcolo dei due contributi (a vuoto ed in presenza della sonda) la topologia del circuito sia cambiata, per cui sarà necessario ricalcolare la grandezza pilota che, come si vede, è differente nei due casi.

ESERCIZIO 9

Sia data la rete in figura con il seguente significato dei parametri:
I_1=5 A R_1=10 Ω R_2=15 Ω E_1=10I_2 V
Calcolare l'equivalente di Norton ai morsetti AB

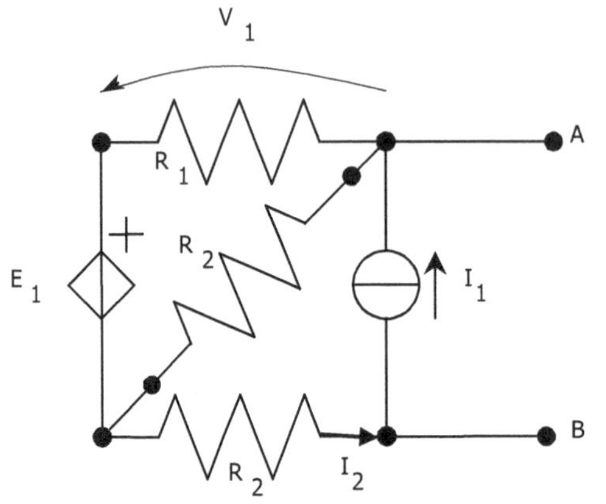

Soluzione

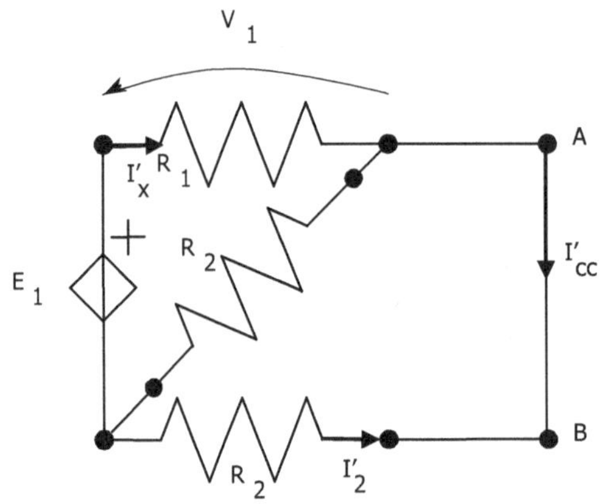

Per prima cosa si calcolerà, utilizzando la sovrapposizione degli effetti, la corrente di corto circuito I_{cc} che sarà uguale alla corrente del modello di Norton.
Il contributo del generatore di tensione pilotato sarà dato dal partitore di corrente:

$$I'^{E_1}_{cc} = \frac{R_2}{R_2 + R_2} I'_x = 0.5 * I'_x$$

dove

$$I'_x = \frac{E_1}{R_1 + R_2/2} = 0.571 * I_2$$

Il contributo del generatore pilotato alla grandezza pilota sarà:

$$I'^{E_1}_2 = -I'^{E_1}_{cc}$$

Considerando poi il solo generatore di corrente si ottiene la rete mostrata in figura seguente.

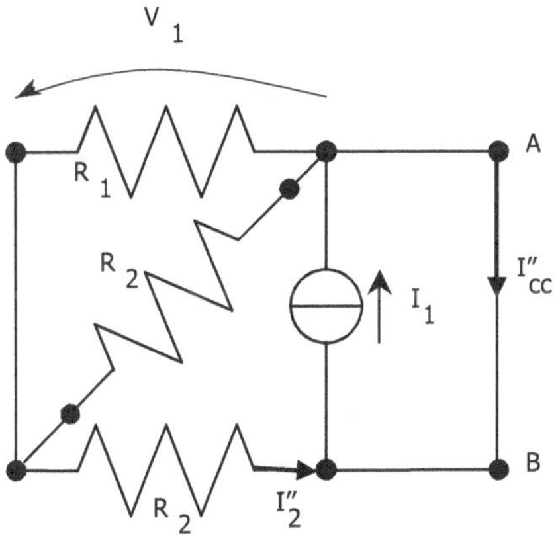

La parte a sinistra del generatore di corrente è cortocircuitata per cui si avrà che:

$$I''^{I_1}_2 = 0\,A$$

$$I''^{I_1}_{cc} = I_1\,A$$

Si ottiene pertanto

$$I_{cc} - I'^{E_1}{}_{cc} + I''^{I_1}{}_{cc} - 0.2855 * I_2 + 5$$

$$I_2 = I'^{E_1}{}_2 + I''^{I_1}{}_2 = -0.571 * I_2 + 0$$

Dall'ultima equazione si ottiene $I_2=0$ da cui si ottiene $I_{cc}=5$

Bisogna a questo punto calcolare il valore della resistenza equivalente di Norton. Per fare questo si può procedere in modo differente dall'esercizio precedente calcolando la tensione V_{AB} a vuoto. Utilizzando ancora una volta il teorema di sovrapposizione degli effetti si ottiene la rete equivalente riportata nella figura seguente per cui si può calcolare il contributo del solo generatore di tensione:

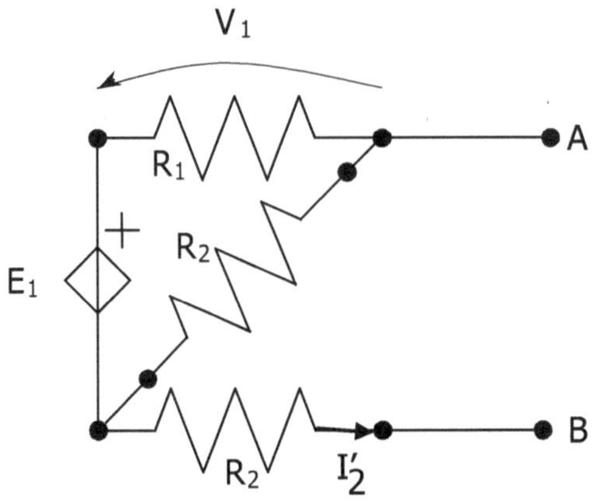

Per cui si avrà, applicando il partitore di tensione:

$$V^{E_1}{}_{AB} = \frac{R_2}{R_1 + R_2} E_1 = 6 * I_2$$

e

$$I_2'^{E_1} = 0$$

Considerando adesso il solo generatore di corrente si avrà la seguente rete:

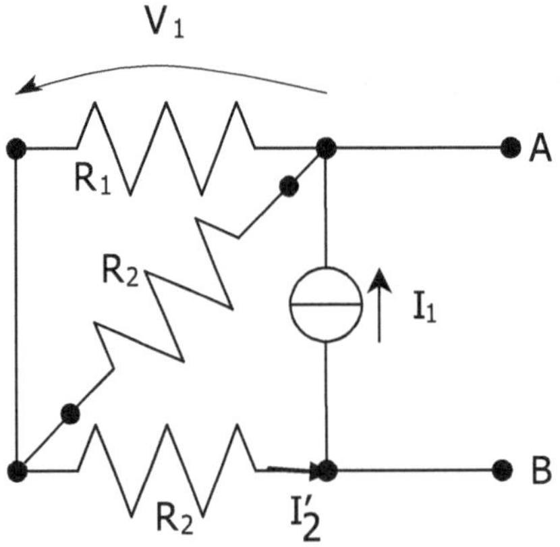

I valori delle tensioni incongnite saranno:

$$V^{I_1}{}_{AB} = \left(\frac{R_1 R_2}{R_1 + R_2} + R_2 \right) I_1 = 105 \ V$$

e, applicando il partitore di corrente:

$$I'^{I_1}{}_2 = I_1 = 5 V$$

per cui

$I_2 = I'^{E_1}{}_2 + I'^{I_1}{}_2 = 0 + 5$ ottenendo così $I_2 = 5 V$

La tensione V_{AB} diventa in questo modo:

$V_{AB} = 6 * I_2 + 105 = 135$ V

Da cui si ricava la resistenza cercata:

$$R_{AB} = \frac{V_{AB}}{I_{cc}} = 27\ \Omega$$

E' da notare come nel calcolo dei due contributi (a vuoto ed in corto circuito) la topologia del circuito sia cambiata, per cui bisognerà ricalcolare la grandezza pilota che sarà differente nei due casi.

ESERCIZIO 10

Sia data la rete in figura con il seguente significato dei parametri:

E_g=15 V R_1=10 Ω R_2=15 Ω E_1=0.5V_2 V E_2=2I V

Calcolare il valore delle grandezze pilota V_1 e I.

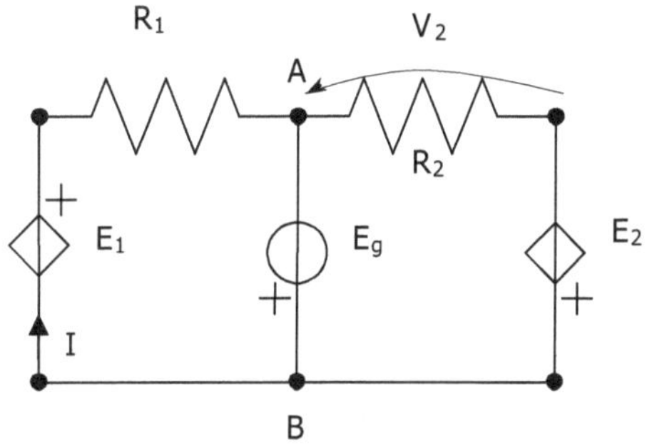

Soluzione

Per calcolare le due grandezze pilota, bisogna scrivere due equazioni in due incognite, che vengono ottenute scrivendo le equazioni delle tensioni sulle due maglie fondamentali del circuito:

$$E_1 - R_1 I + E_g = 0.5 * V_2 - R_1 I + E_g = 0$$

$$E_2 - V_2 - E_g = 2 * I - V_2 - E_g = 0$$

da cui si ricava: $I = 0.84$ A e $V_2 = 13.34$ V

CAPITOLO 5

DOPPI BIPOLI RESISTIVI

ESERCIZIO 1

Scrivere in forma simbolica la matrice di R del doppio bipolo in figura:

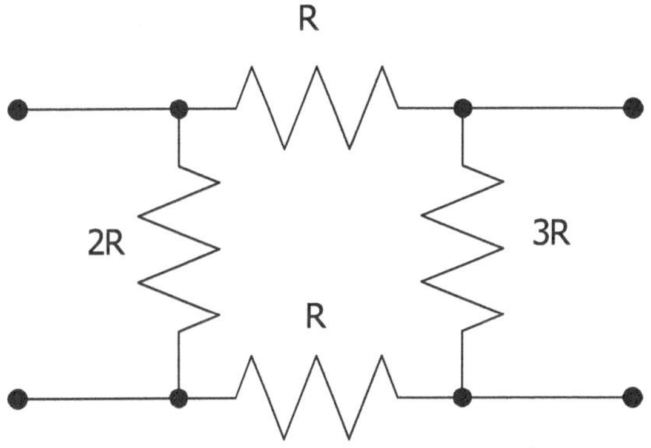

Soluzione

Per prima cosa si identifichino i parametri R_{11} e R_{21}. Per fare questo si supponga di alimentare il doppio bipolo con un generatore di corrente di valore I_1, come mostrato in figura

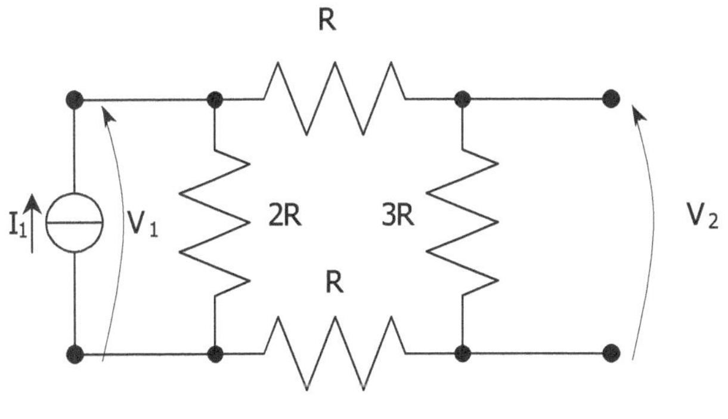

Si avrà allora:

$$R_{11} = \frac{V_1}{I_1} = \frac{((R+3R+R)//2R)I_1}{I_1} = ((R+3R+R)//2R) = \frac{10}{7}R$$

e

$$Z_{21} = \frac{V_2}{I_1} = \frac{(3R)\cdot\left(\frac{2R}{7R}\right)I_1}{I_1} = \frac{6}{7}R$$

dove si ricava la corrente che passa nella resistenza 3R utilizzando un partitore di corrente.

Analogamente, facendo riferimento alla figura, si avrà per i parametri R_{22} e R_{12}:

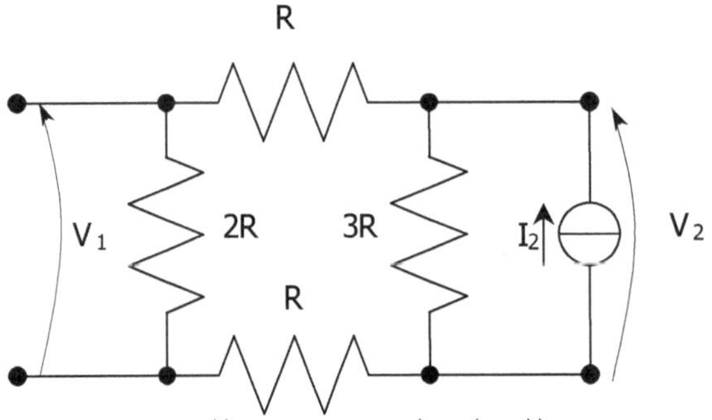

$$R_{22} = \frac{V_2}{I_2} = \frac{((R+2R+R)//(3R))I_2}{I_2} = \frac{12}{7}R$$

e

$$R_{12} = \frac{V_1}{I_2} = \frac{(2R)\cdot\left(\frac{3R}{7R}\right)I_2}{I_2} = \frac{6}{7}R$$

da cui si ricava la matrice:

$$\mathbf{R} = \begin{bmatrix} \frac{10}{7}R & \frac{6}{7}R \\ \frac{6}{7}R & \frac{12}{7}R \end{bmatrix}$$

ESERCIZIO 2

Scrivere in forma simbolica la matrice di R del doppio bipolo in figura:

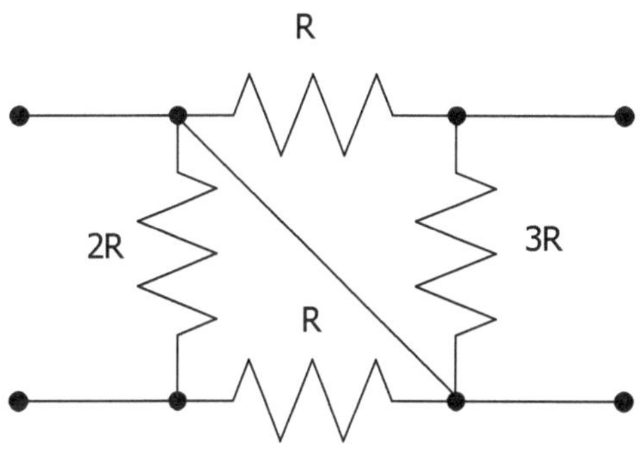

Soluzione

Per prima cosa si identifichino i parametri R_{11} e R_{21}. Per fare questo si supponga di alimentare il doppio bipolo con un generatore di corrente di valore I_1, come mostrato in figura

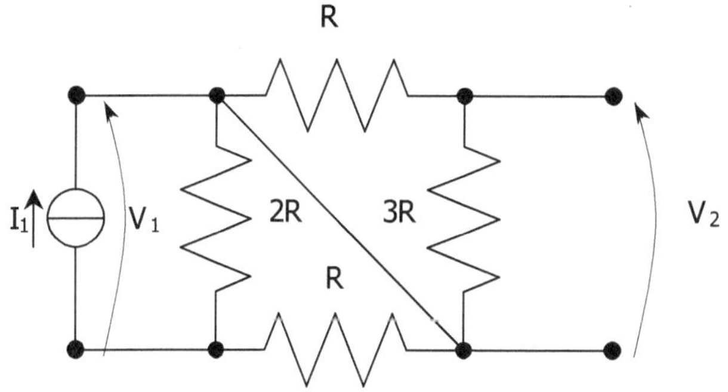

La presenza del cortocircuito fa si che non passi corrente nelle resistenze di destra per cui si avrà:

$$R_{11} = \frac{V_1}{I_1} = \frac{((2R)//R)I_1}{I_1} = \frac{2}{3}R$$

La presenza del cortocircuito fa si che non passi corrente nelle resistenze di destra per cui si avrà:

$$R_{21} = \frac{V_2}{I_1} = \frac{0}{I_1} = 0$$

Analogamente, facendo riferimento alla figura, si avrà per i parametri R_{22} e R_{12}:

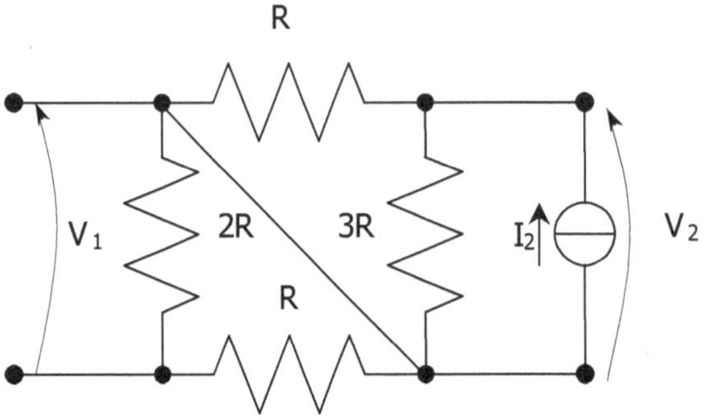

$$R_{22} = \frac{V_2}{I_2} = \frac{(R//3R)I_2}{I_2} = \frac{3}{4}R$$

e

$$R_{12} = \frac{V_1}{I_2} = \frac{0}{I_2} = 0$$

da cui si ricava la matrice:

$$\mathbf{R}= \begin{bmatrix} \frac{2}{3}R & 0 \\ 0 & \frac{3}{4}R \end{bmatrix}$$

ESERCIZIO 3

Scrivere in forma simbolica la matrice di R del doppio bipolo in figura:

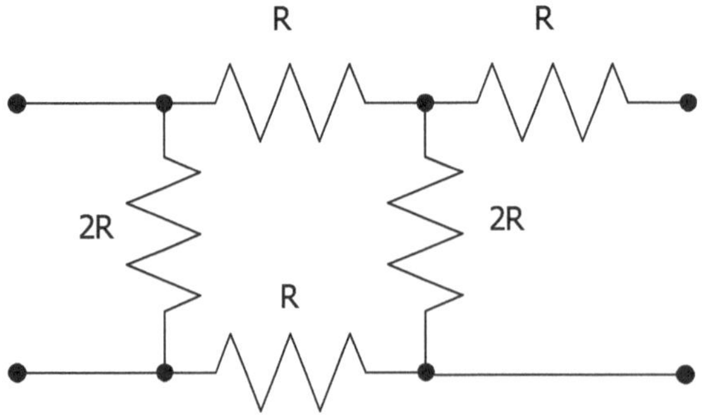

Soluzione

Per prima cosa si identifichino i parametri R_{11} e R_{21}. Per fare questo si supponga di alimentare il doppio bipolo con un generatore di corrente di valore I_1, come mostrato in figura

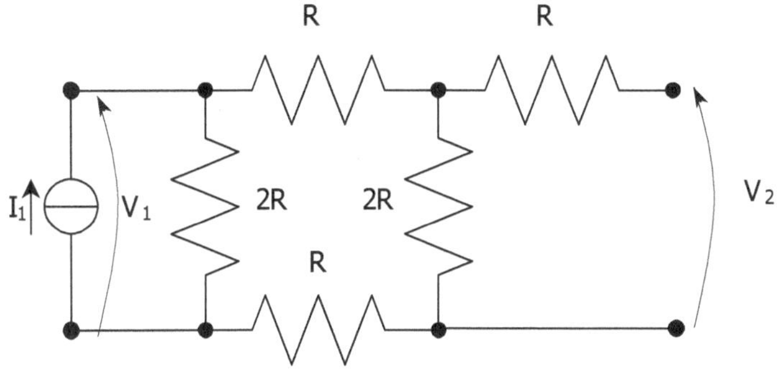

Si avrà

$$R_{11} = \frac{V_1}{I_1} = \frac{((R + 2R + R)//2R)I_1}{I_1} = ((R + 2R + R)//2R) = \frac{4}{3}R$$

e

$$R_{21} = \frac{V_2}{I_1} = \frac{(2R)\cdot\left(\frac{2R}{6R}\right)I_1}{I_1} = \frac{2}{3}R$$

dove si ricava la corrente che passa nella resistenza 3R utilizzando un partitore di corrente.

Analogamente, facendo riferimento alla figura, si avrà per i parametri R_{22} e R_{12}:

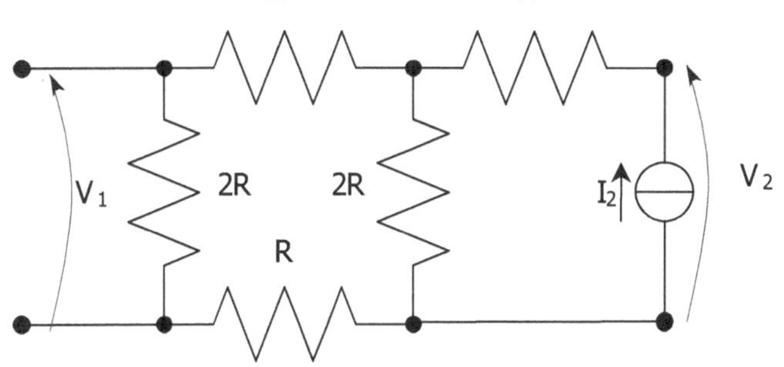

$$R_{22} = \frac{V_2}{I_2} = \frac{((R + 2R + R)//(2R) + R)I_2}{I_2} = \frac{7}{3}R$$

e

$$R_{12} = \frac{V_1}{I_2} = \frac{(2R)\cdot\left(\frac{2R}{6R}\right)I_2}{I_2} = \frac{2}{3}R$$

da cui si ricava la matrice:

$$\mathbf{R} = \begin{bmatrix} \frac{4}{3}R & \frac{2}{3}R \\ \frac{2}{3}R & \frac{7}{3}R \end{bmatrix}$$

ESERCIZIO 4

Scrivere in forma simbolica la matrice di R del doppio bipolo in figura:

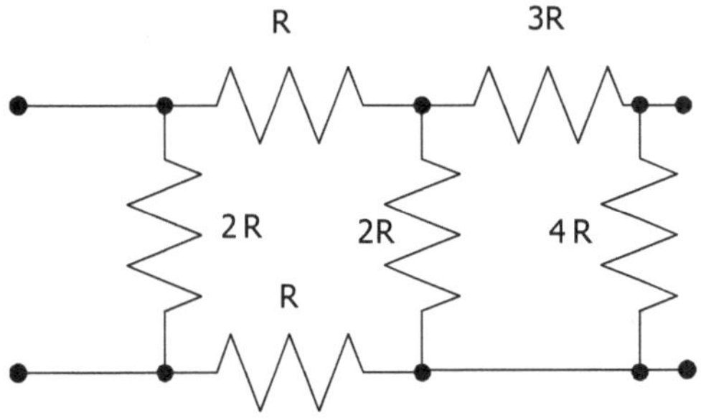

Soluzione

Per prima cosa si identifichino i parametri R_{11} e R_{21}. Per fare questo si supponga di alimentare il doppio bipolo con un generatore di corrente di valore I_1, come mostrato in figura

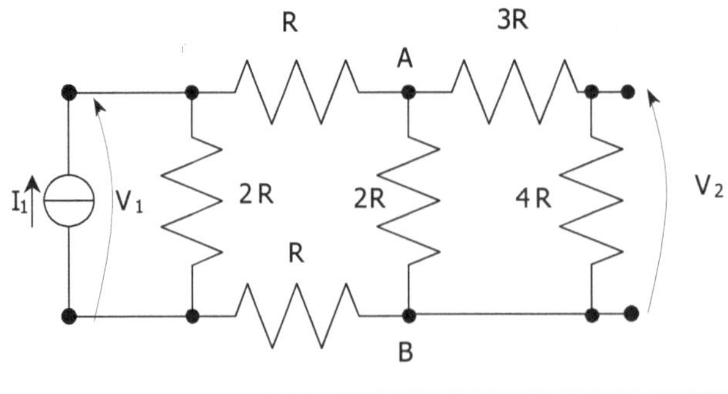

Si avrà:

$$R_{11} = \frac{V_1}{I_1} = \frac{((((3R + 4R)//2R) + R + R)//2R)I_1}{I_1} = \frac{32}{25}R$$

Per calcolare il valore della V_2 si potrà applicare un partitore di corrente ed in seguito un partitore di tensione. La corrente che passa nella resistenza ai morsetti AB sarà uguale a:

$$I_{AB} = \frac{2R}{((((3R + 4R)//2R) + R + R) + 2R)} I_1 = \frac{9}{25} I_1$$

da cui si ha:

$$V_{AB} = 2RI_{AB} = \frac{18}{25} RI_1$$

Il valore della tensione V_2 sarà allora:

$$V_2 = \frac{4R}{3R + 4R} V_{AB} = \frac{72}{175} RI_1$$

Il valore della R_{21} diventa:

$$R_{21} = \frac{V_2}{I_1} = \frac{72}{175} R$$

Analogamente, facendo riferimento alla figura, si potranno calcolare i parametri R_{22} e R_{12} :

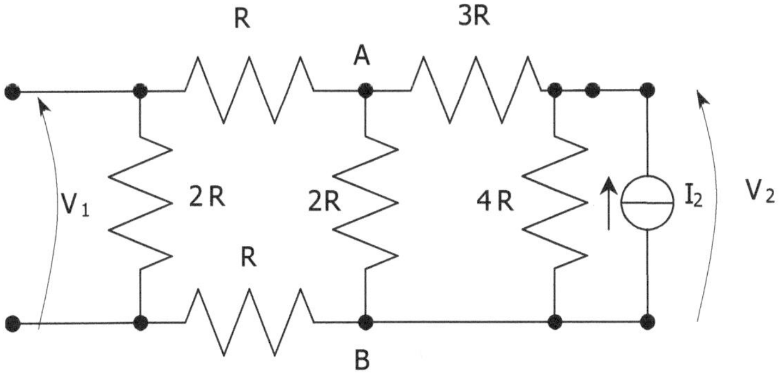

$$R_{22} = \frac{V_2}{I_2} = \frac{((((2R + R + R)//2R) + 3R)//4R)I_2}{I_2} = \frac{52}{25}R$$

Ancora una volta è possibile calcolare il valore della corrente che circolo nel bipolo ai morsetti AB:

$$I_{AB} = \frac{4R}{(((2R+R+R)//2R)+3R+4R)} I_2 = \frac{12}{25} I_2$$

da cui si ha

$$V_{AB} = 2RI_{AB} = \frac{24}{25} RI_2$$

Il valore della tensione V_2 sarà allora:

$$V_2 = \frac{2R}{2R+R+R} V_{AB} = \frac{12}{25} RI_2$$

Il valore della R_{21} diventa:

$$R_{21} = \frac{V_2}{I_1} = \frac{12}{25} R$$

ESERCIZIO 5

Scrivere in forma simbolica la matrice di R del doppio bipolo in figura:

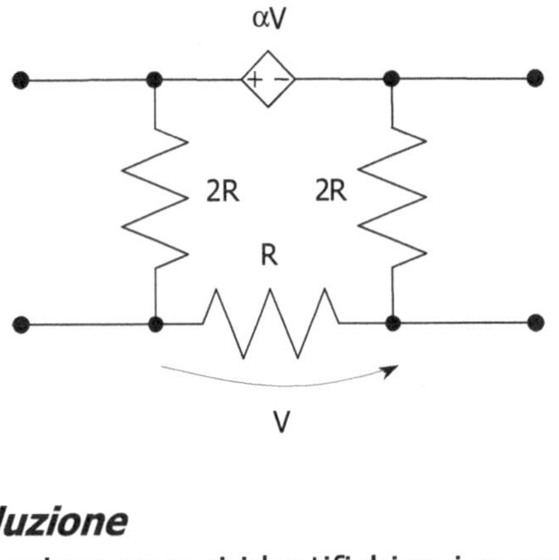

Soluzione

Per prima cosa si identifichino i parametri R_{11} e R_{21}. Per fare questo è necessario calcolare il valore della grandezza pilota V. Si consideri, pertanto, la rete in figura:

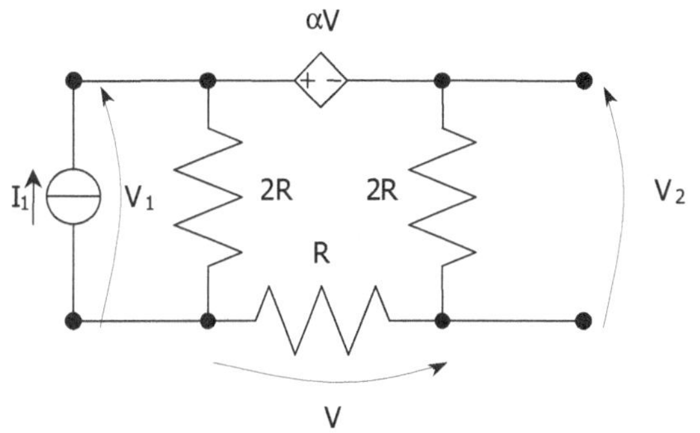

Si avrà

$$R_{11} = \frac{V_1}{I_1}$$

e

$$R_{21} = \frac{V_2}{I_1}$$

Si risolva la rete con la sovrapposizione degli effetti, considerando per prima cosa il contributo del generatore pilotato:

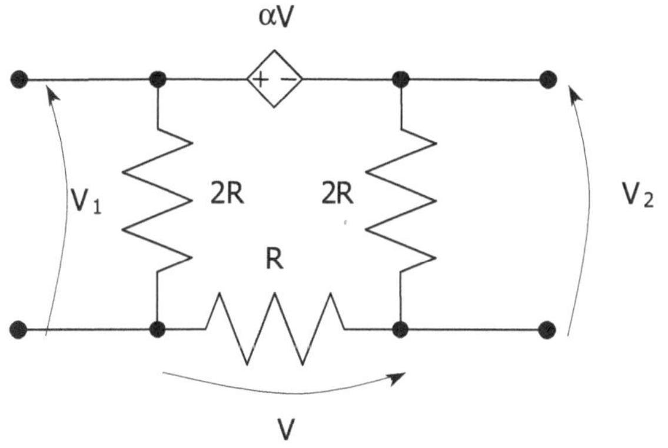

$$V_1^{\alpha V} = \frac{2R}{2R+R+2R}\alpha V = \frac{2}{5}\alpha V$$

$$V^{\alpha V} = -\frac{R}{2R+R+2R}\alpha V = -\frac{1}{5}\alpha V$$

$$V_2^{\alpha V} = \frac{2R}{2R+R+2R}\alpha V = -\frac{2}{5}\alpha V$$

Si consideri adesso il contributo del generatore di corrente:

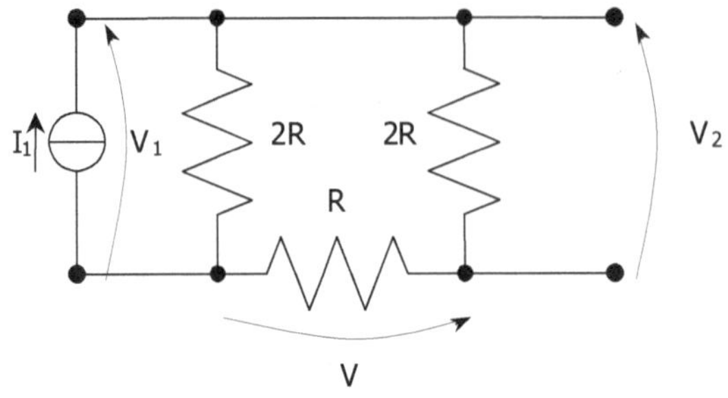

$$V_1^{I_1} = 2R\left(\frac{3R}{2R+R+2R}I_1\right) = \frac{6}{5}RI_1$$

$$V^{I_1} = R\left(\frac{2R}{2R+R+2R}I_1\right) = \frac{2}{5}RI_1$$

$$V_2^{I_1} = 2R\left(\frac{2R}{2R+R+2R}I_1\right) = \frac{4}{5}RI_1$$

si avrà allora

$V = V^{I_1} + V^{\alpha V} = \frac{2}{5}R \cdot I_1 - \frac{1}{5}\alpha V$ da cui si ha $V = \frac{2RI_1}{(5+\alpha)}$.

Le altre tensioni saranno allora date da:

$$V_1 = V_1^{I_1} + V_1^{\alpha V} = \frac{6}{5}RI_1 + \frac{2}{5}\alpha V = \frac{(6+2\alpha)}{(5+\alpha)}RI_1$$

$$V_2 = V_2^{I_1} + V_2^{\alpha V} = \frac{4}{5}RI_1 - \frac{2}{5}\alpha V = \frac{4}{(5+\alpha)}\frac{R}{5}I_1$$

I valori dei parametri Z saranno allora:

$$R_{11} = -\frac{(6+2\alpha)}{(5+\alpha)}R$$

$$R_{21} = \frac{4}{(5+\alpha)}\frac{R}{5}$$

Analogamente, facendo riferimento alla figura, si avrà per i parametri R_{22} e R_{12}:

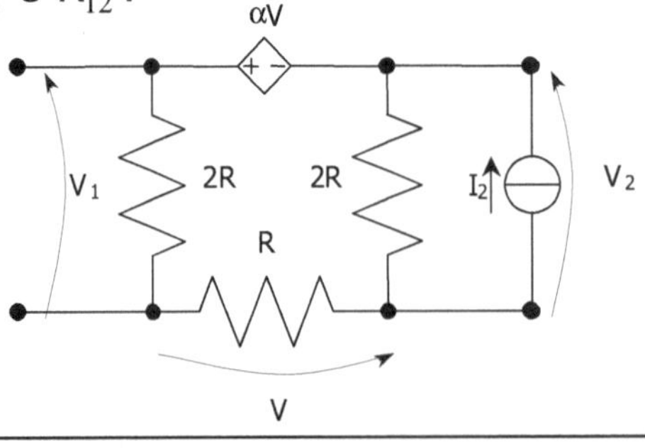

Si avrà

$$R_{11} = \frac{V_1}{I_2}$$

e

$$R_{22} = \frac{V_2}{I_2}$$

Si risolva la rete con la sovrapposizione degli effetti, considerando per prima cosa il contributo del generatore pilotato:

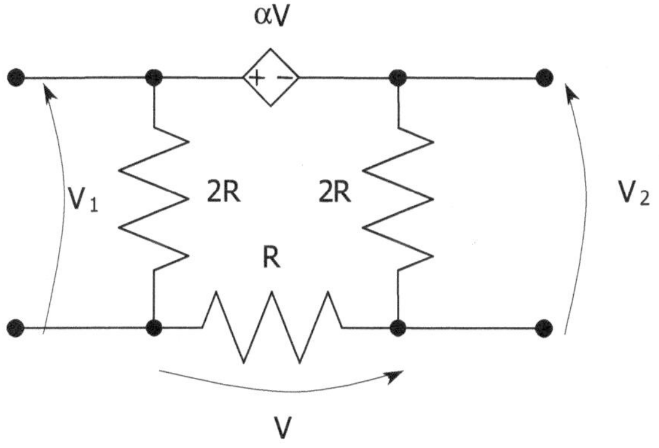

$$V_1^{\alpha V} = \frac{2R}{2R+R+2R}\alpha V = \frac{2}{5}\alpha V$$

$$V^{\alpha V} = -\frac{R}{2R+R+2R}\alpha V = -\frac{1}{5}\alpha V$$

$$V_2^{\alpha V} = -\frac{2R}{2R+R+2R}\alpha V = -\frac{2}{5}\alpha V$$

Si consideri adesso il contributo del generatore di corrente:

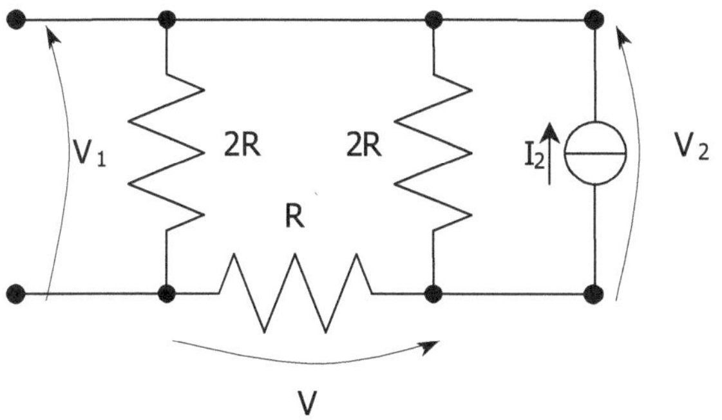

$$V_1^{I_2} = 2R\left(\frac{2R}{2R+R+2R}I_2\right) = \frac{6}{5}RI_2$$

$$V^{I_2} = -R\left(\frac{2R}{2R+R+2R}I_2\right) = -\frac{2}{5}RI_2$$

$$V_2^{I_1} = 2R\left(\frac{3R}{2R+R+2R}I_2\right) = \frac{4}{5}RI_2$$

si avrà allora

$V = V^{I_1} + V^{\alpha V} = -\frac{2}{5}I_2 - \frac{1}{5}\alpha V$ da cui si ha $V = -\frac{2RI_2}{(5+\alpha)}$.

Le altre tensioni saranno allora date da:

$$V_1 = V_1^{I_2} + V_1^{\alpha V} = \frac{6}{5}RI_2 + \frac{2}{5}\alpha V = \frac{(30+2\alpha)}{(5+\alpha)}\frac{R}{5}I_2$$

$$V_2 = V_2^{I_2} + V_2^{\alpha V} = \frac{4}{5}RI_2 - \frac{2}{5}\alpha V = \frac{(20+8\alpha)}{(5+\alpha)}\frac{R}{5}I_{21}$$

I valori dei parametri Z saranno allora:

$$R_{12} = \frac{(30+2\alpha)}{(5+\alpha)}\frac{R}{5}$$

$$R_{22} = \frac{(20+8\alpha)}{(5+\alpha)}\frac{R}{5}$$

ESERCIZIO 6

Scrivere in forma simbolica la matrice di R del doppio bipolo in figura:

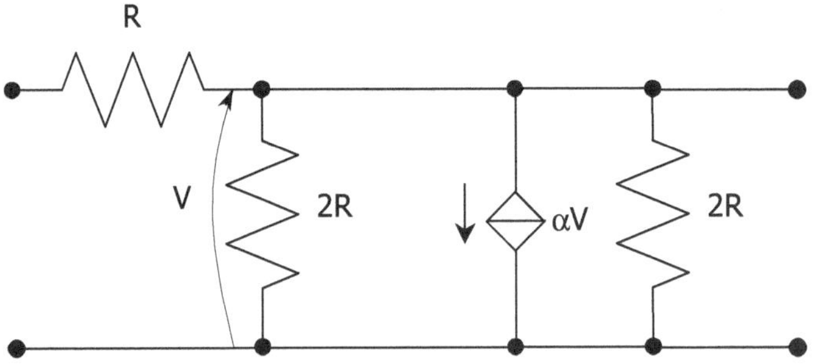

Soluzione

Per prima cosa si identifichino i parametri R_{11} e R_{21}. Per fare questo è necessario calcolare il valore della grandezza pilota V. Si consideri, pertanto, la rete in figura:

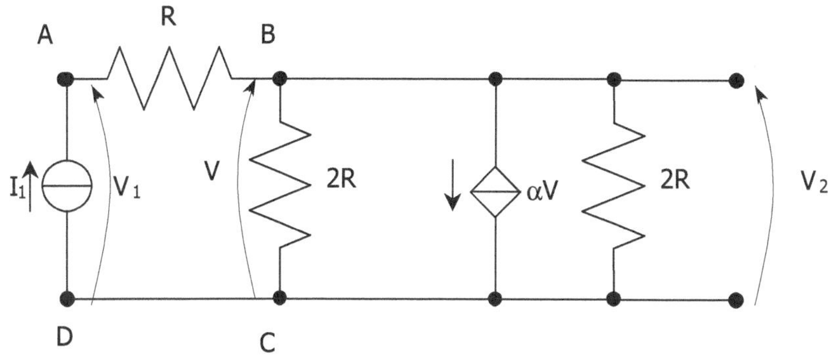

Applicando il teorema di Millmann alla rete posso calcolare il valore della tensione $V=V_2$:

$$V = \frac{I_1 - \alpha V}{\frac{1}{2R} + \frac{1}{2R}} = R(I_1 - \alpha V)$$

da cui si può ricavare:

$V = \dfrac{RI_1}{(1 + R\alpha)}$ e di conseguenza è noto anche il valore di V_2.

Per calcolare il valore della V_1 si consideri la maglia ABCD e si scriva l'equazione delle tensioni:

$$V_1 - V_{AB} - V = V_1 - RI_1 - \frac{RI_1}{(1 + R\alpha)} = 0$$

da cui $V_1 = RI_1 + \dfrac{RI_1}{(1 + R\alpha)}$

per cui si avrà:

$$R_{11} = \frac{V_1}{I_1} = \frac{\left(R + \frac{R}{(1 + R\alpha)}\right)I_1}{I_1} = \left(R + \frac{R}{(1 + R\alpha)}\right)$$

e

$$Z_{21} = \frac{V_2}{I_1} = \frac{\left(\frac{R}{(1 + R\alpha)}\right)I_1}{I_1} = \left(\frac{R}{(1 + R\alpha)}\right)$$

Considerazioni analoghe si possono fare per determinare il valore delle altre due resistenze.

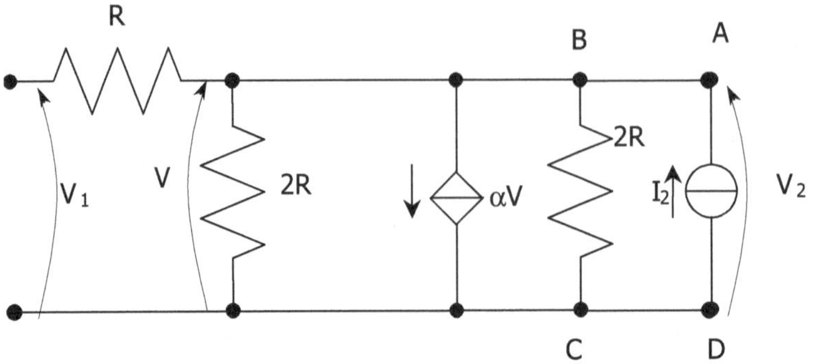

Si applichi ancora una volta il teorema di Millmann per determinare il valore della tensione $V=V_1= V_2$:

$$V = \frac{I_2 - \alpha V}{\frac{1}{2R} + \frac{1}{2R}} = R(I_2 - \alpha V)$$

da cui:

$$V = \frac{RI_2}{(1 + R\alpha)}$$

Si avrà allora:

$$R_{22} = \frac{V_2}{I_2} = \frac{\left(\frac{R}{(1 + R\alpha)}\right)I_2}{I_2} = \left(\frac{R}{(1 + R\alpha)}\right)$$

e

$$R_{21} = \frac{V_1}{I_2} = \frac{\left(\frac{R}{(1 + R\alpha)}\right)I_2}{I_2} = \left(\frac{R}{(1 + R\alpha)}\right)$$

ESERCIZIO 7

Scrivere in forma simbolica la matrice di R del doppio bipolo in figura:

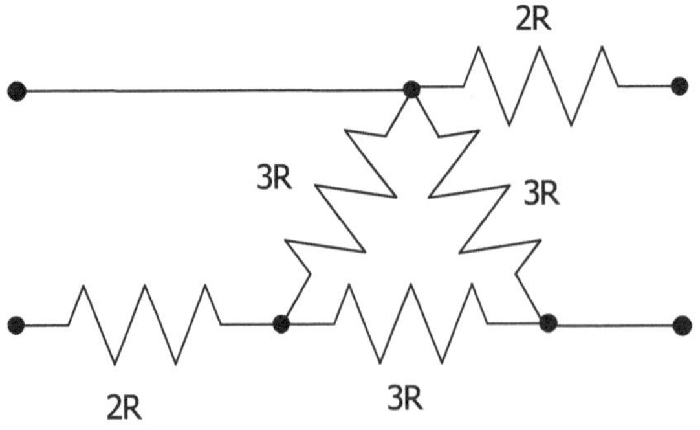

Soluzione

Per prima cosa si identifichino i parametri R_{11} e R_{21}

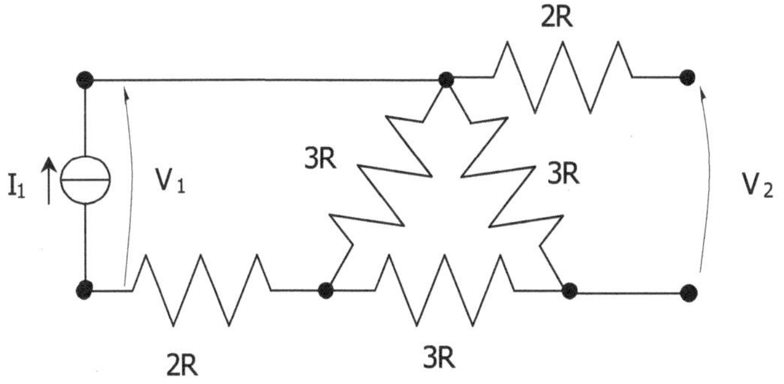

$$R_{11} = \frac{V_1}{I_1} = \frac{((3R + 3R) // 3R + 2R) I_1}{I_1} = 4R$$

e

$$R_{21} = \frac{V_2}{I_1} = \frac{3R\left(\frac{3R}{(3R + 3R + 3R)}\right) I_1}{I_1} = R$$

Avendo applicato il partitore di corrente per trovare la corrente che circola nella resistenza di valore 3R considerata.

Considerazioni analoghe si possono fare per determinare il valore delle altre due resistenze.

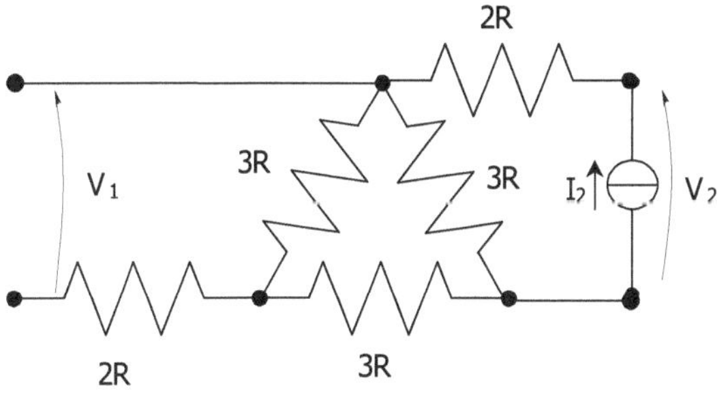

Si avrà allora:

$$R_{22} = \frac{V_2}{I_2} = \frac{((3R + 3R) // 3R + 2R) I_2}{I_2} = 4R$$

e:

$$R_{21} = \frac{V_1}{I_2} = \frac{3R\left(\frac{3R}{3R + 3R + 3R}\right) I_2}{I_2} = R$$

ESERCIZIO 8

Scrivere in forma simbolica la matrice di R del doppio bipolo in figura:

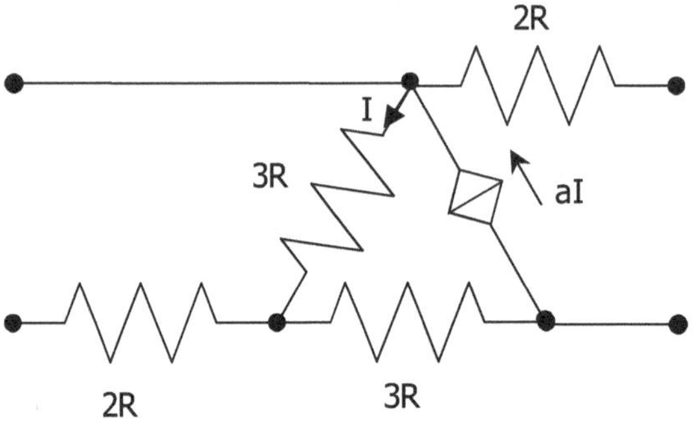

Soluzione

Per prima cosa si identifichino i parametri R_{11} e R_{21}

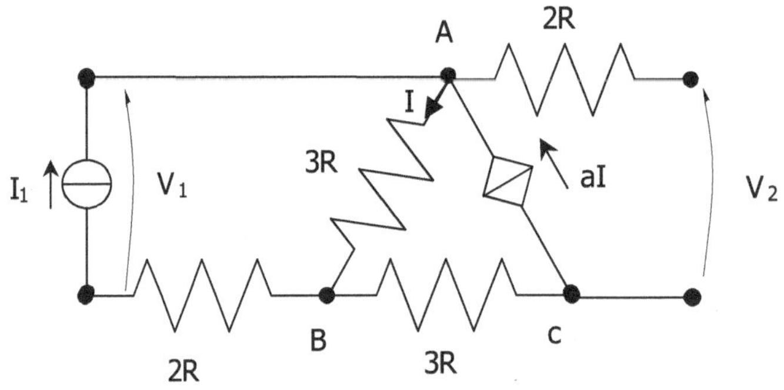

E' necessario calcolare il valore della grandezza pilota I. Si applichi il teorema di Millmann e si calcoli il valore della tensione ai capi del bipolo attraversato da I

$$V_{AB} = \frac{I_1 + aI}{\frac{1}{3R}} = 3R(I_1 + aI)$$

si avrà poi $I = \frac{V_{AB}}{3R} = I_1 + aI$ da cui $I = \frac{I_1}{1-a}$.

Si può adesso calcolare i valori delle resistenze:

$$R_{11} = \frac{V_1}{I_1} = \frac{2RI_1 + 3RI}{I_1} = 2R + \frac{3R}{1-a}$$

e

$$R_{21} = \frac{V_2}{I_1} = \frac{V_{AB} + V_{BC}}{I_1} = \frac{3RI + 3RaI}{I_1} = \frac{3R}{1-a} + \frac{3Ra}{1-a} = 3R\left(\frac{1+a}{1-a}\right)$$

Considerazioni analoghe si possono fare per determinare il valore delle altre due resistenze.

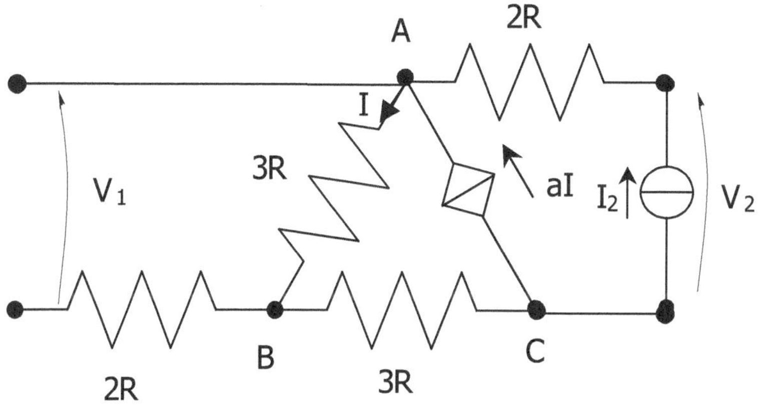

Il calcolo della grandezza pilota può essere fatto ancora una volta con Millmann:

$$V_{AB} = \frac{I_2 + aI}{\frac{1}{3R}} = 3R(I_2 + aI)$$

si avrà poi:

$$I = \frac{V_{AB}}{3R} = I_2 + aI \text{ da cui } I = \frac{I_2}{1-a}.$$

Si calcolino adesso i valori delle resistenze:

$$R_{22} = \frac{V_2}{I_2} = \frac{V_{AC} + 2RI_2}{I_2} = \frac{V_{AB} + V_{BC} + 2RI_2}{I_2} = \frac{6RI + 2RI_2}{I_2} = \frac{6R}{1-a} + 2R$$

e

$$R_{12} = \frac{V_1}{I_2} = \frac{3RI}{I_2} = \left(\frac{3R}{1-a}\right)$$

CAPITOLO 6

TRANSITORI AD UNA COSTANTE DI TEMPO

ESERCIZIO 1

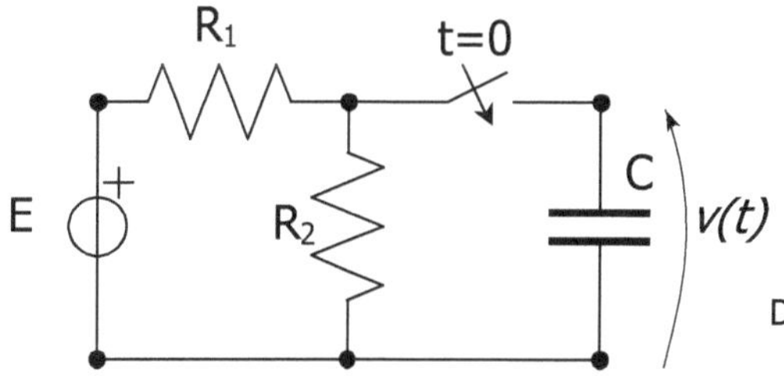

$E=10V$
$R_1=R_2=1\Omega$
$C=1\mu F$
$v(0)=0$

Determinare:
a) $v(t)$
b) corrente in C
c) corrente in R_2
d) corrente in R_1

Soluzione

a) Per determinare la v(t) è necessario scrivere le equazioni topologiche della rete in questione: avendo per t>0 due maglie e due nodi si possono definire:

- 2 equazioni linearmente indipendenti alle maglie;
- 1 equazione indipendente ai nodi;
- 3 equazioni costitutive dei bipoli, due algebriche per le resistenze e una differenziale per la capacità;

LKT: $$v_2 = v(t)$$ $$E = v_1 + v_2$$

LKC: $i_1 = i_2 + i_C$

$$i_1 = v_1 / R_1$$
Equazioni componenti: $$i_2 = v_2 / R_2$$
$$i_c = C\frac{dv(t)}{dt}$$

Sostituendo le caratteristiche dei tre bipoli si puo' ottenere l'equazione differenziale seguente:

$$\begin{cases} \dfrac{dv(t)}{dt} + \left(\dfrac{1}{R_2C} + \dfrac{1}{R_1C}\right)v(t) = \dfrac{E}{R_1C} \\ v(0) = 0 \end{cases}$$

Per la risoluzione dell'equazione differenziale lineare a coefficienti costanti occorre determinare la soluzione dell'omogenea associata e l'integrale particolare.

Omogenea Associata

$$\frac{dv(t)}{dt} + \frac{1}{C}\left(\frac{1}{R_2} + \frac{1}{R_1}\right)v(t) = 0$$

il polinomio caratteristico diventa:

$$s + \frac{1}{C}\left(\frac{1}{R_2} + \frac{1}{R_1}\right) = 0$$

e quindi la radice del polinomio è:

$$s_1 = -\frac{1}{C}\left(\frac{1}{R_1} + \frac{1}{R_2}\right) = -\frac{1}{C}\frac{R_1 + R_2}{R_1R_2}$$

da cui la costante di tempo:

$$\tau = \left|\frac{1}{s_1}\right| = \frac{R_1R_2}{R_1 + R_2}C = R_pC$$

e pertanto la soluzione dell'omogenea associata diventa:

$$v_{OA}(t) = Ke^{-t/R_pC}$$

dove K è una costante che si determinera' successivamente in base alle condizioni iniziali del sistema

Integrale Particolare

L'integrale particolare dell'equazione, è una costante. Essendo la derivata di una costante uguale a zero, sostituendo nell'equazione si ottiene:

$$\left(\frac{1}{R_2C}+\frac{1}{R_1C}\right)v_P(t)=\frac{E}{R_1}$$

$$v_P(t)=\frac{ER_2}{R_1+R_2}$$

La soluzione globale diventa:

$$v(t)=v_{OA}(t)+v_P(t)$$

e quindi:

$$v(t)=Ke^{-\frac{R_1+R_2}{R_1R_2C}t}+\frac{ER_2}{R_1+R_2}$$

Per trovare il valore di *K* corrispondente a v=0 per t=0; si ottiene per K:

$$K=-\frac{ER_2}{R_1+R_2}$$

La forma finale dell'equazione diventa:

$$v(t)=\frac{ER_2}{R_1+R_2}\left(1-e^{-\frac{R_1+R_2}{R_1R_2C}t}\right)$$

Sostituendo i valori numerici:

$$v(t)=5\left(1-e^{-2\cdot10^6t}\right)V$$

a) Per il calcolo della corrente nel condensatore basta ricordare che:

$$i_c=C\frac{dv(t)}{dt}$$

eseguendo la derivata e sostituendo i valori numerici si ottiene:

$$i_c=10\left(e^{-2\cdot10^6t}\right)A.$$

b) Per il calcolo della corrente nel resistore R_2 si utilizza l'equazione LKT:

$$i_2=v_2/R_2=v(t)/R_2$$

Sostitiendo i dati calcolati in precedenza si ottiene:

$$i_2=5\cdot\left(1-e^{-2\cdot10^6t}\right)A.$$

d) Nella resistenza R_1 fluisce la somma delle due correnti calcolate nei punti b) e c):

$$i_1=i_c+i_2=10\left(e^{-2\cdot10^6t}\right)+5\left(1-e^{-2\cdot10^6t}\right)A=\left(5+5e^{-2\cdot10^6t}\right)A.$$

ESERCIZIO 2

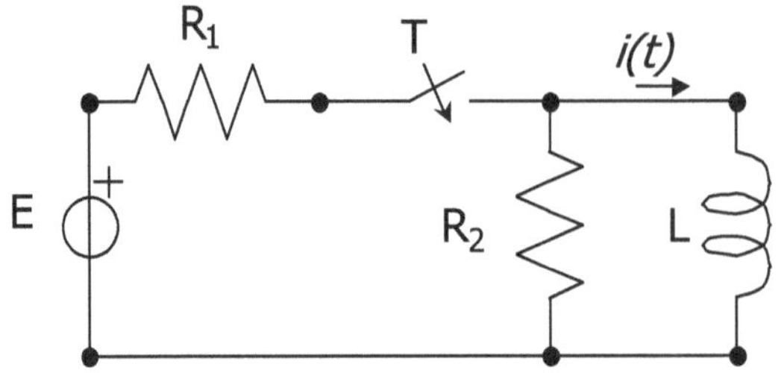

E=10V
$R_1=R_2=1\Omega$
L=0.1H

Tasto T chiuso a t=0 con i(0)=0, determinare:
a) i(t)
b) corrente nel generatore
Tasto T si apre a t=1s, determinare
c) i(t)

Soluzione

a) Per il calcolo della i(t) si segue lo stesso ragionamento dell'esercizio precedente. Si scrivono prima le equazioni del circuito:

LKT: $v_2 = v_L$
$E = v_1 + v_2$

LKC: $i_1 = i_2 + i(t)$

Equazioni componenti:
$$i_1 = v_1 / R_1$$
$$i_2 = v_2 / R_2$$
$$v_L = L\frac{di(t)}{dt}$$

Sostituendo i vari termini si ottiene un'equazione differenziale nella sola variabile *i(t)*:

$$\frac{di(t)}{dt} + \frac{1}{L}\cdot\left(\frac{R_1R_2}{R_1+R_2}\right)i(t) = \frac{ER_2}{(R_1+R_2)L}$$

Omogenea associata:

$$\frac{di(t)}{dt} + \frac{1}{L}\cdot\left(\frac{R_1R_2}{R_1+R_2}\right)i(t) = 0$$

Dal polinomio caratteristico si ricava l'inverso della costante di tempo:

$$s + \frac{1}{L}\frac{R_1R_2}{(R_1+R_2)} = 0 \Rightarrow s_1 = -\frac{R_p}{L} \Rightarrow \tau = \left|\frac{1}{s_1}\right| = \frac{L}{R_p} = \frac{0.1}{0.5} = 0.2s$$

La soluzione generale dell'omogenea associata vale:

$$i_{OA}(t) = Ke^{-\frac{R_1R_2}{LR_1+LR_2}t}$$

Integrale particolare

$i_P(t)$=costante e sostituendo si ottiene:

$$\frac{1}{L}\cdot\left(\frac{R_1R_2}{R_1+R_2}\right)i_P(t) = \frac{ER_2}{(R_1+R_2)L}$$

da cui:

$$i_P(t) = \frac{E}{R_1}$$

La costante *K* si ottiene imponendo che per t= 0 la corrente sia nulla e quindi: $K = -\frac{E}{R_1}$. La soluzione completa dell'equazione differenziale diventa:

$$i(t) = \frac{E}{R_1}\cdot\left(1-e^{-\frac{R_1R_2}{LR_1+LR_2}}\right)$$

Sostituendo i dati numerici forniti dal problema:

$$i(t) = 10\cdot\left(1-e^{-5t}\right)A$$

b) La corrente nel generatore puo' essere determinata da:

$$i_1 = i_2 + i(t)$$

sostituendo le equazioni di Kirchhoff:

$$i_1 = i(t) + \frac{v_L}{R_2} = i(t) + \frac{Ldi(t)}{Rdt}$$

Numericamente:

$$i_1 = 10\cdot\left(1-e^{-5t}\right) + 5e^{-5t} = \left(10-5e^{-5t}\right)A.$$

c) Se il tasto T si riapre dopo 1 secondo, per trovare la *i(t)* si dovranno riscrivere le equazioni topologiche imponendo come condizione iniziale la sostituzione del valore *t*=1s nell'espressione della *i(t)*. Si puo' considerare che fisicamente la corrente abbia gia' raggiunto il regime dato che *t*=1s corrisponde a 5 volte la costante di tempo. Detta condizione diventa *i(1)*=10A. Dalle equazioni di Kirchhoff riferite alla sola maglia chiusa RL dove può circolare corrente si ottiene l'omogenea seguente (omogenea perché manca il termine forzante del generatore):

$$\frac{di(t)}{dt}+\frac{R_2}{L}i(t)=0$$

essa presenta una soluzione del tipo: $i'(t)=K'e^{-\frac{R_2}{L}t}$

Imponendo la condizione iniziale si trova che: K' = 10A. Si ottiene pertanto che:

$$i'(t)=10e^{-10(t-1)}A$$

ESERCIZIO 3

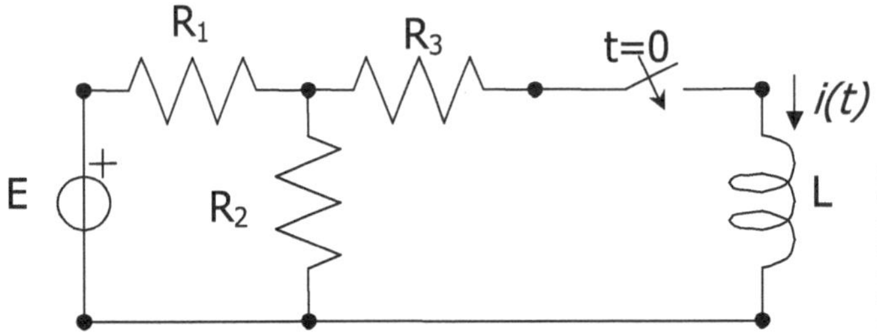

E=10V
R_1=R_2=1Ω
R_3=0.5Ω
L=10mH

Determinare:

a) circuito equivalente di Thevenin ai morsetti di L
b) i(t)
c) tempo necessario per raggiungere il 50% di I_∞
d) energia immagazzinata a regime

Soluzione

a) Per il calcolo dell'equivalente di Thevenin ai morsetti di L per t>0 si puo' scrivere che:

$$R_{eq}=R_3+\left(\frac{R_1R_2}{R_1+R_2}\right)=0.5+\frac{1*1}{1+1}=1\Omega$$

Il generatore equivalente è:

$$E_{eq}=\frac{ER_2}{R_1+R_2}=\frac{10*1}{1+1}=5V$$

Il circuito diventa pertanto:

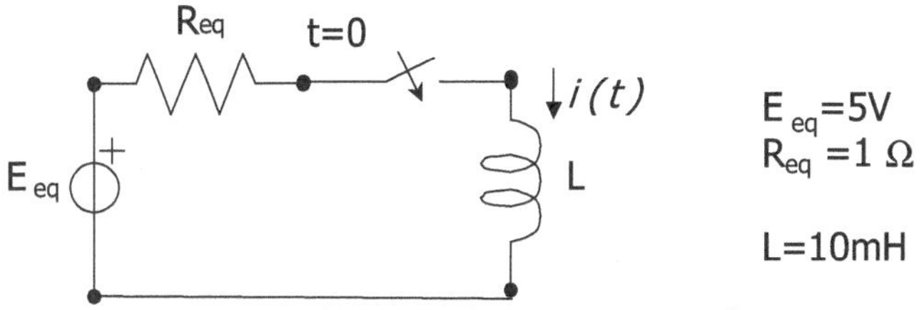

b) L'equazione differenziale del circuito è:

$$\frac{di(t)}{dt}+\frac{R_{eq}}{L}i(t)=\frac{E_{eq}}{L}$$

L'omogenea associata vale:

$\frac{di(t)}{dt}+\frac{R_{eq}}{L}i(t)=0$ e il suo integrale generale è: $i_{OA}(t)=Ke^{-\frac{R_{eq}}{L}t}$.

Il suo integrale particolare è una costante che, essendo nulla la sua derivata:

$\frac{R_{eq}}{L}i_P(t)=\frac{E_{eq}}{L}$ da cui $i_P(t)=\frac{E_{eq}}{R_{eq}}$

La costante K si trova che imponendo i=0 per t=0, da cui $K=-\frac{E_{eq}}{R_{eq}}$.

La soluzione complessiva è quindi:

$$i(t)=\frac{E_{eq}}{R_{eq}}\left(1-e^{-\frac{R_{eq}}{L}t}\right)$$

sostituendo i valori numerici:

$$i(t)=5\left(1-e^{-\frac{t}{0.01}}\right)A.$$

c) Il tempo necessario per raggiungere la corrente di 2.5 A si puo' determinare dall'inversione dell'equazione risolutiva:

$$2.5=5\left(1-e^{-\frac{t}{0.01}}\right)\Rightarrow e^{-\frac{t}{0.01}}=\frac{5-2.5}{5}=\frac{1}{2}\Rightarrow-\frac{t}{0.01}=ln(0.5)\Rightarrow$$

$$\Rightarrow t=-0.01*ln(0.5)=6.93ms$$

d) A regime la corrente nell'induttanza vale I=5 A. L'energia immagazzinata varrà pertanto:

$$W=\frac{1}{2}LI^2=0.125J$$

ESERCIZIO 4

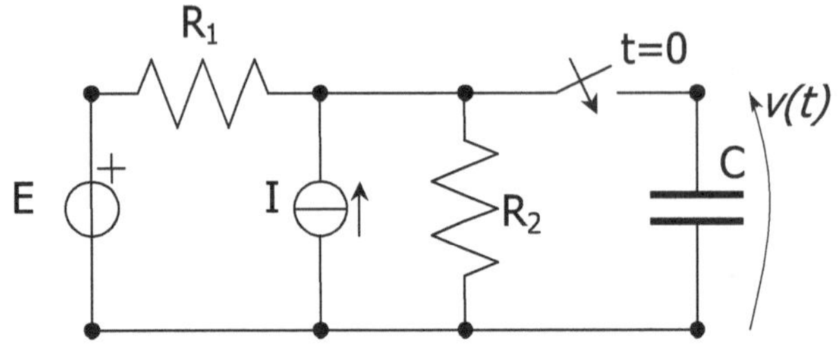

E=10V
I=1A
R_1=R_2=2Ω
C=10μF
v(0)=0

Determinare:
a) circuito equivalente di Thevenin ai morsetti di C
b) v(t)
c) corrente in R_2
d) energia immagazzinata a regime

Soluzione

a) Il calcolo del circuito equivalente di Thevenin porta ai calcoli seguenti:

$$R_{eq} = \frac{R_1 R_2}{R_1 + R_2} = 1\Omega$$

Per il calcolo della tensione equivalente si puo' usare il principio di sovrapposizione degli effetti:

- contributo generatore I: $V'_{AB} = \frac{R_1 R_2}{R_1 + R_2} I = 1V$;
- contributo generatore E: $V''_{AB} = \frac{E R_2}{R_1 + R_2} = 5V$

Sommando si ottiene una tensione equivalente di 6V. Il circuito equivalente risulta essere:

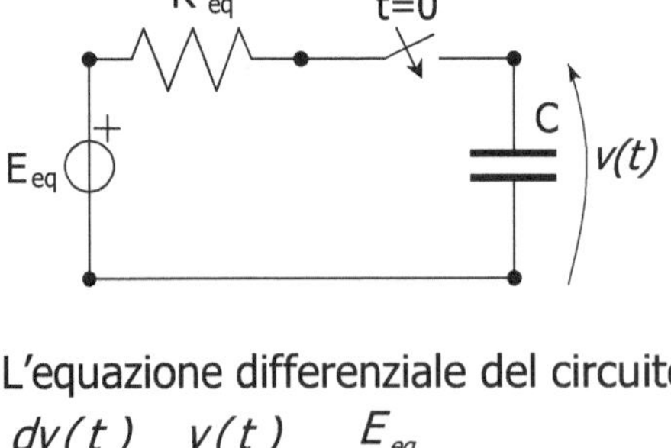

L'equazione differenziale del circuito è:

$$\frac{dv(t)}{dt} + \frac{v(t)}{R_{eq}C} = \frac{E_{eq}}{R_{eq}C}$$

Da cui si ricava $\tau = R_{eq}C = 10\mu s$.

Omogenea associata:

$$\frac{dv(t)}{dt} + \frac{v(t)}{R_{eq}C} = 0$$

il cui integrale è: $v_{OA}(t) = Ke^{-\frac{1}{R_{eq}C}t}$

Integrale particolare

la funzione è una costante e vale:

$$\frac{1}{R_{eq}C}v_P(t) = \frac{E_{eq}}{R_{eq}C} \text{ da cui } v_P(t) = E_{eq}$$

Imponendo la condizione iniziale K coincide con $-E_{eq}$.
Globalmente:

$$v(t) = E_{eq}\left(1 - e^{-\frac{t}{RC}}\right)$$

sostituendo i valori numerici:

$$v(t) = 6 \cdot \left(1 - e^{-10^6 t}\right) V$$

c) La corrente nel resistore richiesto si deduce dal fatto che R_2 è in parallelo al condensatore e quindi è sottoposto alla stessa tensione:

$$v(t) = \frac{6}{2} \cdot \left(1 - e^{-10^6 t}\right) = 3\left(1 - e^{-10^6 t}\right) A$$

c) A regime la tensione nella capacità vale 6V. Da cui l'energia:

$$W = \frac{1}{2}CV^2 = 0.18mJ\,.$$

ESERCIZIO 5

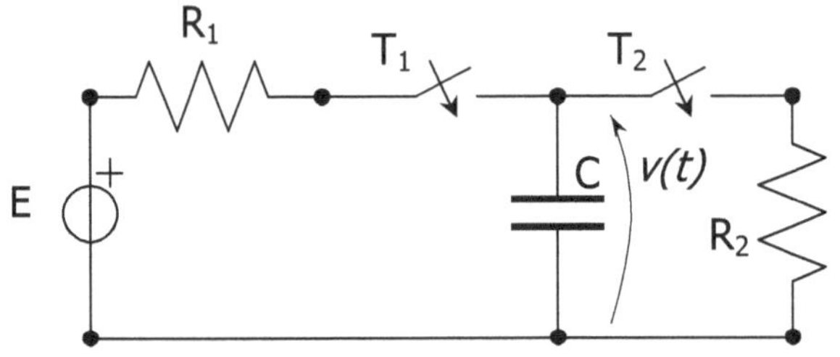

E=10V
$R_1=R_2=2\Omega$
$C=1\mu F$
$V(0)=0$

Tasto T_1 chiuso a t=0 con T_2 aperto, determinare:
a) *v(t)*
b) corrente nel generatore

Tasto T_2 chiuso a $t=10\mu s$, determinare:
c) v(t)
d) corrente nel generatore
e) energia immagazzinata a regime

Soluzione

a) Si nota come per $0<t<10\mu s$ l'equazione differenziale si riduce alla seguente, essendo interdetta la parte a destra della capacità:

$$\frac{dv(t)}{dt}+\frac{v(t)}{R_1C}=\frac{E}{R_1C}$$

Omogenea associata

$$\frac{dv(t)}{dt}+\frac{v(t)}{R_1C}=0$$

il suo integrale è:

$$v_{OA}(t)=Ke^{-\frac{1}{R_1C}t}=Ke^{-\frac{t}{2*10^{-6}}}$$

Integrale particolare

$$\frac{1}{R_1C}v_P(t)=\frac{E}{R_1C} \text{ da cui } v_P(t)=E$$

Per la K si trova che imponendo v=0 per t=0, K coincide con –E. Globalmente:

$$v(t) = E\left(1 - e^{-\frac{t}{R_1 C}}\right)$$

sostituendo i valori numerici:

$$v(t) = 10 \cdot \left(1 - e^{-\frac{t}{2*10^{-6}}}\right) V$$

b) La corrente che transita nel generatore coincide con quella che passa nel condensatore, per 0<t<10μs

$$i_c = C\frac{dv(t)}{dt} = 10^{-5} \cdot \left(5 \cdot 10^5 e^{-5*10^5 t}\right) A = 5e^{-\frac{t}{2*10^{-6}}} A$$

c) Chiudendo il tasto 2 dopo 10 μs, si puo' considerare come siano ormai trascorse 5 costanti di tempo dall'accensione del circuito e quindi esso sia ormai a regime, quindi la tensione sul condensatore è pari a 10 V.
Il nuovo transitorio si sviluppa a partire dall'istante t=10 μs, si introduce una nuova variabile temporale assumendo che la nuova origine sia posta nell'istante di chiusura del tasto 2.
Con il tasto 2 chiuso cambiano le equazioni topologiche del circuito, (diventano identiche a quelle dell'esercizio 1), si giunge allora all'equazione differenziale:

$$\begin{cases} \dfrac{dv(t)}{dt} + \left(\dfrac{1}{R_2 C} + \dfrac{1}{R_1 C}\right) v(t) = \dfrac{E}{R_1 C} \\ v(0) = 10 \end{cases}$$

La cui soluzione (vedi esercizio 1) è pari a:

$$v(t) = Ke^{-\frac{R_1+R_2}{R_1 R_2 C}t} + \frac{ER_2}{R_1 + R_2} = Ke^{-\frac{t}{10^{-6}}} + \frac{10 * 2}{2+2} = Ke^{-\frac{t}{10^{-6}}} + 5V$$

Si deve ora trovare il valore di K corrispondente a $v(0)$=10V.

$$10 = Ke^{-\frac{R_1+R_2}{R_1 R_2 C}*0} + \frac{10 * 2}{2+2} \Rightarrow 10 = K + 5 \Rightarrow K = 5V$$

Riscrivendo l'equazione:

$$v(t) = 5 + 5e^{-\frac{t}{10^{-6}}} V$$

d) La corrente nel generatore vale la somma:

$$i_1 = i_2 + i(t) = \frac{v(t)}{R_2} + C\frac{dv(t)}{dt}$$

Eseguendo la derivata e ponendo i dati ricavati si ottiene:

$$i_1 = \frac{5}{2}\left(1 + e^{-\frac{t}{10^{-6}}}\right) + 10^{-6} * 5\left(-\frac{1}{10^{-6}}\right)e^{-\frac{t}{10^{-6}}} =$$

$$= \frac{5}{2} + \frac{5}{2}e^{-\frac{t}{10^{-6}}} - 5e^{-\frac{t}{10^{-6}}} = \frac{5}{2} - \frac{5}{2}e^{-\frac{t}{10^{-6}}} A$$

e)Per *t* che tende ad infinito la tensione ai capi della capacità vale 5V; pertanto l'energia immagazzinata a regime vale:

$$W = \frac{1}{2}CV^2 = 0.5 \cdot 10^{-6} \cdot 25 = 1.25 \cdot 10^{-5} J.$$

ESERCIZIO 6

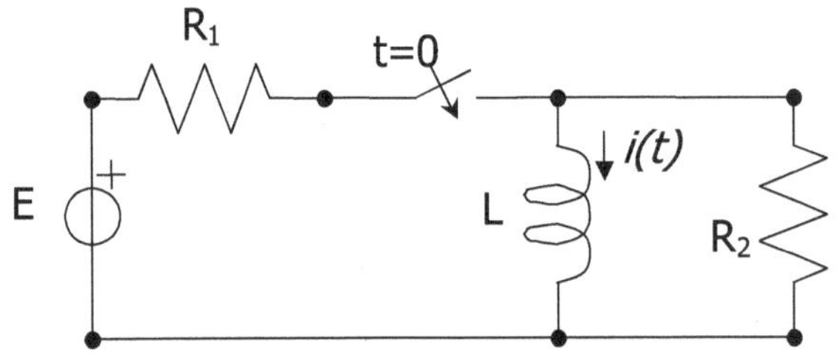

E=10V
$R_1=R_2=2\Omega$
L=100mH
$i(0)=0$

Determinare:
a) *i(t)*
b) corrente in R_2
c) corrente nel generatore
d) energia immagazzinata a regime

Soluzione

a) Il calcolo di *i(t)* prevede la soluzione di un'equazione differenziale che si ricava mediante 3 equazioni di Kirchhoff. Oltre a queste si possono scrivere tre equazioni costitutive dei bipoli presenti, si ottiene quindi:

LKT: $v_2 = v_L$
$E = v_1 + v_2$

LKC: $i_1 = i_2 + i(t)$

Equazioni componenti:
$i_1 = v_1 / R_1$
$i_2 = v_2 / R_2$
$v_L = L\frac{di(t)}{dt}$

Sostituendo nelle equazioni si ottiene:

$$\frac{di(t)}{dt}+\frac{1}{L}\cdot\left(\frac{R_1R_2}{R_1+R_2}\right)i(t)=\frac{ER_2}{(R_1+R_2)L}$$

Omogenea associata:

$$\frac{di(t)}{dt}+\frac{1}{L}\cdot\left(\frac{R_1R_2}{R_1+R_2}\right)i(t)=\frac{di(t)}{dt}+\frac{R_p}{L}i(t)=0$$

polinomio caratteristico:

$$s+\frac{R_p}{L}=0\Rightarrow s_1=-\frac{R_p}{L}\Rightarrow\tau=\left|\frac{1}{s_1}\right|=\frac{L}{R_p}=\frac{0.1}{1}=0.1s$$

La soluzione generale dell'omogenea associata vale:

$$i_{OA}(t)=Ke^{-\frac{t}{0.1}}.$$

Integrale particolare

$i_P(t)$=costante, sostituendo nell'equazione si ottiene:

$$\frac{R_p}{L}i_P(t)=\frac{ER_2}{(R_1+R_2)L}\Rightarrow i_p(t)=\frac{E}{R_1}$$

Si determina K imponendo che per t= 0 la corrente sia nulla:

$$K=-\frac{E}{R_1}$$

da cui la forma finale dell'equazione:

$$i(t)=\frac{E}{R_1}\cdot\left(1-e^{-\frac{R_1R_2t}{LR_1+LR_2}}\right)=\frac{10}{2}\left(1-e^{-\frac{t}{0.1}}\right)A$$

b) Dalle equazioni topologiche si ha che sul resistore v'é la stessa tensione della L.

$$i_2=\frac{v_L}{R_2}=\frac{Ldi(t)}{R_2dt}=0.1\cdot\left(50e^{-10t}\right)/2=2.5\left(e^{-10t}\right)A.$$

c) Per trovare la corrente nel generatore: si utilizza la LKC $i_1 = i_2 + i(t)$ ciò equivale a dire che:

$$i_1 = i(t) + \frac{v_L}{R_2} = i(t) + \frac{Ldi(t)}{Rdt} =$$
$$= 5 \cdot \left(1 - e^{-10t}\right) + 2.5e^{-10t} = \left(5 - 2.5e^{-10t}\right)A.$$

d) A regime la corrente nell'induttore vale 5A. Pertanto l'energia immagazzinata vale:

$$W = \frac{1}{2}LI^2 = 1.25J$$

ESERCIZIO 7

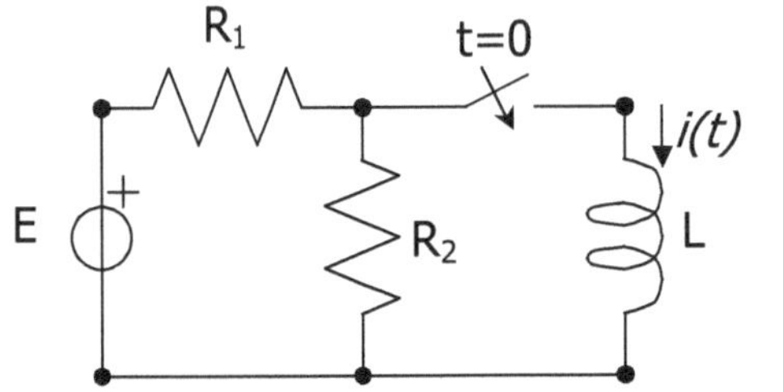

E=10V
R_1=R_2=10Ω
L=1mH

Determinare:
a) corrente nel generatore per t<0
b) *i(t)* per t>0
c) corrente nel generatore per t>0
d) potenza massima erogata dal generatore

Soluzione

a) La corrente nel generatore per t<0, cioè a tasto aperto, vale:

$$I = \frac{E}{R_1 + R_2} = \frac{10}{20} = 0.5A$$

b) La funzione i(t) si può scrivere grazie alle equazioni topologiche del circuito che sono identiche a quelle dell'esercizio precedente. Si ottiene quindi l' equazione differenziale:

$$\frac{di(t)}{dt} + \frac{1}{L} \cdot \left(\frac{R_1 R_2}{R_1 + R_2}\right) i(t) = \frac{ER_2}{(R_1 + R_2)L}$$

Omogenea associata:

$$\frac{di(t)}{dt}+\frac{1}{L}\cdot\left(\frac{R_1R_2}{R_1+R_2}\right)i(t)=0$$

come prima si ha:

$$i_{OA}(t)=Ke^{-\frac{R_1R_2}{LR_1+LR_2}t}.$$

integrale particolare

$$\frac{1}{L}\cdot\left(\frac{R_1R_2}{R_1+R_2}\right)i_P(t)=\frac{ER_2}{(R_1+R_2)L}$$ da cui $i_P(t)=\frac{E}{R_1}$;

In maniera analoga all'esercizio precedente si determina K e si ottiene la soluzione:

$$i(t)=\frac{E}{R_1}\cdot\left(1-e^{-\frac{R_1R_2t}{LR_1+LR_2}}\right)$$

sostituendo allora i dati numerici forniti dal problema: si ha che

$$i(t)=\left(1-e^{-5000t}\right)A$$

b) Per t>0 la corrente nel generatore vale:

$$i_1=i(t)+\frac{v_L}{R_2}=i(t)+\frac{Ldi(t)}{Rdt}$$

Sostituendo i valori numerici si ha che:

$$i_1=\left(1-e^{-5000t}\right)+0.5e^{-5000t}=\left(1-0.5e^{-5000t}\right)A$$

c) La potenza massima erogata dal generatore si ha a regime quando l'induttore si comporta come un corto circuito. In tale situazione la resistenza vista dal generatore è pari a:

$$P_E=\frac{E^2}{R_1}=\frac{100}{10}=10W$$

ESERCIZIO 8

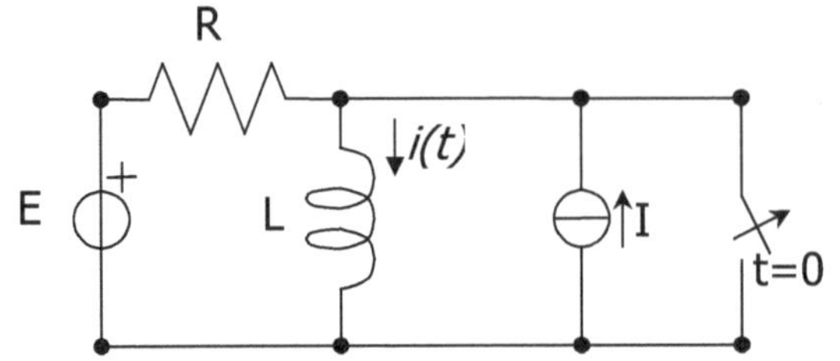

E=2V
I=2A
R=1Ω
L=0.5H

Determinare:
a) i(t) supponendo i(0)=2 A
b) corrente nel generatore E
c) tensione ai capi del generatore I
d) energia immagazzinata a regime

Soluzione

a) Per t=0 nell'induttore la corrente è pari a:

$$i(0) = 2A$$

l'apertura del tasto per t=0 fa intervenire il generatore ideale di corrente e inizia a far fluire corrente nell'induttanza, che prima era cortocircuitata. Per t>0 si possono scrivere due equazioni di Kirchhoff, una alla maglia di destra e una ai nodi:

$$E = Ri_1 + L\frac{di(t)}{dt}$$

$$I + i_1 = i(t)$$

Con le opportune sostituzioni si ottiene l'equazione differenziale che regge il circuito:

$$\begin{cases} \dfrac{di(t)}{dt} + \dfrac{R}{L}i(t) = \dfrac{E+RI}{L} \\ i(0) = 2 \end{cases}$$

L'omogenea associata è quella di un semplice circuito RL e pertanto ha soluzione generale data da:

$$i_{OA}(t) = Ke^{-\frac{R}{L}t}$$

Per l'integrale particolare in forma di costante, con passaggi analoghi agli esercizi precedenti si ha:

$$i_P(t) = \frac{E}{R} + I$$

Sommando le risposte si ottiene:

$$i(t) = Ke^{-\frac{R}{L}t} + \frac{E}{R} + I$$

imponendo la condizione iniziale si trova la costante K:

$$i(0) = Ke^{-\frac{R}{L}0} + \frac{E}{R} + I = 2 \Rightarrow K = 2 - \frac{E}{R} - I = 2 - 2 - -2 = -2A$$

da cui, sostituendo i valori numerici, si ricava:

$$i(t) = -2e^{-\frac{1}{0.5}t} + 2 + 2 = 4 - 2e^{-2t}A$$

b) La corrente nel generatore di tensione vale:

$$i_1 = i(t) - I$$

sostituendo i dati numerici:

$$i_1 = 4 - 2e^{-2t} - 2 = 2 - 2e^{-2t}A$$

c) La tensione ai capi di I vale

$$v_L = L\frac{di(t)}{dt} = 2e^{-2t}V$$

d) L'energia immagazzinata a regime dall'induttore , essendo la corrente di regime pari a 4 A, è di:

$$W = \frac{1}{2}Li_P{}^2 = 4J$$

ESERCIZIO 9

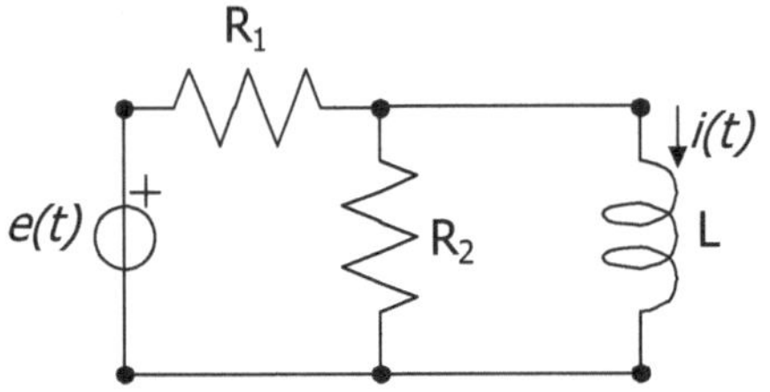

E=10V
$R_1=R_2=2\Omega$
L=1mH
i(0)=0

Determinare:
a) *i(t)* 0≤t≤2 ms
b) *i(t)* 2≤t≤4 ms
c) corrente nel generatore 0≤t≤4 ms

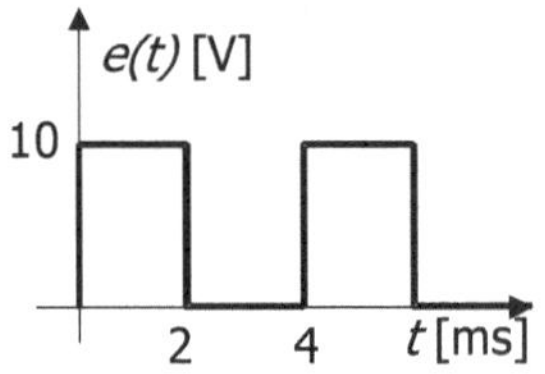

Soluzione

a) Nell'intervallo di tempo considerato la tensione vale costantemente 10V. Il calcolo di i(t) prevede la soluzione di un'equazione differenziale che si ricava mediante 3 equazioni di Kirchoff. Si hanno due equazioni alle maglie ed una ai nodi, oltre alle tre equazioni costitutive dei bipoli presenti, che vengono scritte con le stesse convenzioni dell'esercizio 1:

LKT: $$v_2 = v_L$$ $$E = v_1 + v_2$$

LKC: $i_1 = i_2 + i(t)$

Equazioni componenti: $$i_1 = v_1 / R_1$$ $$i_2 = v_2 / R_2$$ $$v_L = L\frac{di(t)}{dt}$$

Dall'equazione LKC si ricava la i(t) e, per sostituzione, si ottiene l'equazione finale

$$\begin{cases} \dfrac{di(t)}{dt} + \dfrac{1}{L}\cdot\left(\dfrac{R_1R_2}{R_1+R_2}\right)i(t) = \dfrac{ER_2}{(R_1+R_2)L} \\ i(0) = 0 \end{cases}$$

Omogenea associata:

la soluzione è:

$$i_{OA}(t) = Ke^{-\frac{R_1R_2}{LR_1+LR_2}t}.$$

Integrale particolare

$$i_P(t) = \frac{E}{R_1}$$

Imponendo le condizioni iniziali si ottiene:

$$i(t) = \frac{E}{R_1} \cdot \left(1 - e^{-\frac{R_1 R_2 t}{LR_1 + LR_2}}\right)$$

sostituendo i dati numerici forniti dal problema: si ha che
$i(t) = 5(1 - e^{-1000t})A$ questo vale per 0<t<2ms.

b) Per il periodo di tempo susseguente la tensione del generatore diventa nulla. L'induttore si scarica quindi sulle resistenze. Le equazioni rimangono identiche ma cambiano le condizioni iniziali:
$i(2ms) = 5(1 - e^{-2}) = 4.32A$
L'equazione diventa omogenea dato che il generatore è a zero:

$$\frac{di(t)}{dt} + \frac{R_{eq}}{L} i(t) = 0$$

essa presenta una soluzione del tipo: $i'(t) = K' e^{-\frac{R_{eq}}{L}t}$. Imponendo la condizione iniziale si ottiene pertanto che, per 2ms<t<4ms,

$$i'(t) = 4.32e^{-1000t} A$$

b) La corrente nel generatore si calcola sapendo che: $i_1 = i_2 + i(t)$.
Per la i(t) valgono i ragionamenti dei due punti precedenti; la corrente nel secondo resistore nei due intervalli di tempo si ricava con la formula:

$$i_2 = \frac{L}{R_2} \frac{di(t)}{dt}$$

da cui si ricava che:

$$i_1(t) = 5(1 - e^{-1000t}) + \frac{0.001}{2} 5 * 1000e^{-1000t} = 5 - 2.5e^{-1000t} A$$

per 0<t<2ms

$$i_1(t) = 4.32e^{-1000t} + \frac{0.001}{2} 4.32(-1000)e^{-1000t} = 2.16e^{-1000t} A$$

per 2<t<4ms

ESERCIZIO 10

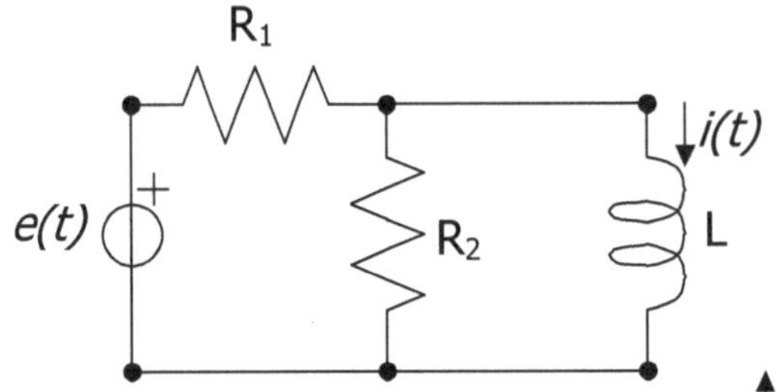

E=10V
$R_1=R_2=2\Omega$
L=1mH
i(0)=0

Determinare:
a) *i(t)* 0≤t≤4 ms
b) *i(t)* 4≤t≤8 ms
c) l'istante in cui la corrente cambia segno tra 4 e 8 ms

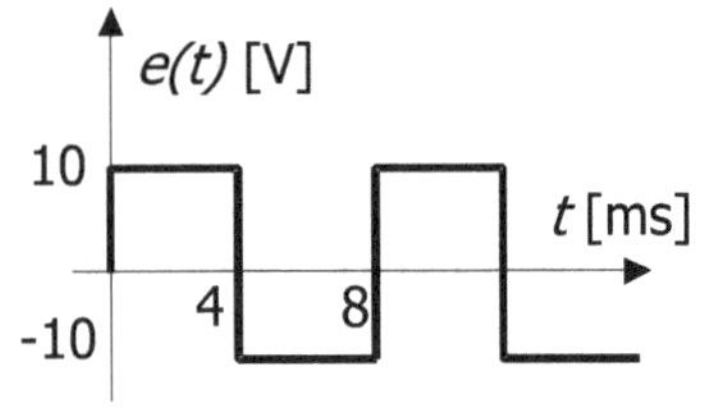

Soluzione

a) Il circuito ed i dati sono gli stessi dell'esercizio 9, ma cambiano il periodo della tensione ed il suo valore. Seguendo un percorso simile a quello dell'esercizio precedente si puo' ottenere la soluzione completa dell'equazione differenziale:

$$i(t)=\frac{E}{R_1}\cdot\left(1-e^{-\frac{R_1R_2t}{LR_1+LR_2}}\right)$$

sostituendo i dati numerici forniti dal problema: si ha che
$i(t)=5\left(1-e^{-1000t}\right)A$ per 0<t<4ms.

b) Per il periodo di tempo susseguente la tensione del generatore cambia di segno ma le equazioni del circuito non cambiano. In questo caso la costante di tempo del circuito è pari a 1 ms, quindi il circuito nella prima fase di evoluzione ha raggiunto il regime, i(0)=5A.
L'equazione letterale è la stessa del punto a), sono diverse:

- la variabile temporale che ha l'origine in t=4ms;
- la condizione iniziale.

$$\begin{cases}\dfrac{di(t)}{dt}+\dfrac{1}{L}\cdot\left(\dfrac{R_1R_2}{R_1+R_2}\right)i(t)=-\dfrac{ER_2}{(R_1+R_2)L}\\ i(0)=5\end{cases}$$

La soluzione è:
$$i(t)=-5+10e^{-1000t}$$

c) Per ottenere l'istante in cui i(t) cambia di segno basta annullare l'espressione ricavata per i(t) nel punto b):

$$i(t) = -5 + 10e^{-1000t} = 0 \Rightarrow e^{-1000t} = \frac{5}{10} \Rightarrow -1000t = ln(0.5) \Rightarrow$$

$$\Rightarrow t = -\frac{ln(0.5)}{1000} = 0.69ms$$

La corrente si annulla 0.69 ms dopo l'inversione della tensione.

AVVERTENZE PER LO STUDENTE

Nei prossimi capitoli la convenzione utilizzata per descrivere il fasore rappresentativo di una grandezza elettrica variabile nel tempo in modo sinusoidale è quella associare il modulo del fasore al valore efficace della funzione e non come fatto in altri contesti al valore massimo. Nulla cambia invece per la fase della funzione sinusoidale.
Per ritornare ai valori massimi sarà pertanto necessario moltiplicare i moduli dei fasori per $\sqrt{2}$, ricordando che sono fasori solo i numeri complessi rappresentativi di tensioni e di correnti.
L'utilizzo di questa convenzione introduce una differenza significativa sul calcolo delle potenze. Per esempio si avrà che la potenza complessa è definita nel modo seguente:

$$\bar{S} = \bar{V} * \bar{I}^* = VIe^{j(\varphi_V - \varphi_I)} = \frac{V_{\max}}{\sqrt{2}} \frac{I_{\max}}{\sqrt{2}} e^{j(\varphi_V - \varphi_I)} =$$

$$= \frac{1}{2} V_{\max} I_{\max} e^{j(\varphi_V - \varphi_I)}$$

Come si può vedere l'uso dei valori efficaci e dei valori massimi fornisce lo stesso risultato a meno di ricordarsi del fattore ½ presente nella formula con i valori massimi.

CAPITOLO 7

RETI IN REGIME SINUSOIDALE

ESERCIZIO 1

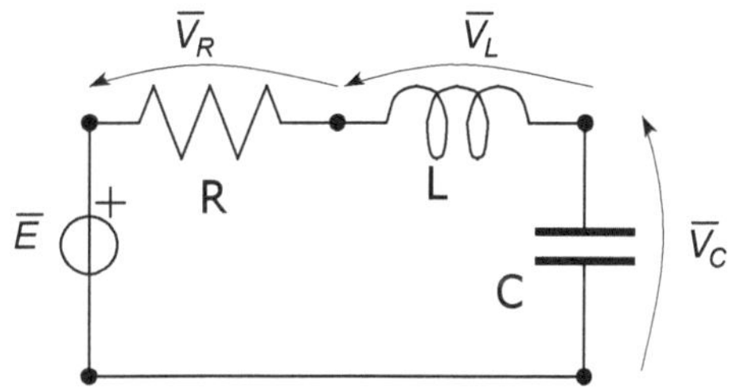

E=100V
R=50 Ω
C=100μF
L=0.05H
f=50Hz

Determinare:
a) fasore corrente
b) diagramma vettoriale tensioni

Soluzione

Data la frequenza di 50 Hz ed i valori dei componenti si possono calcolare i valori di impedenza:

$$\overline{Z}_L = j\omega L = j * 314 * 0.05 = j15.70\Omega$$

$$\overline{Z}_C = \frac{-j}{\omega C} = \frac{-j}{314 * 100 * 10^{-6}} = -j31.83\Omega$$

l'impedenza vista dal generatore diventa:

$$\overline{Z}_T = R + \overline{Z}_L + \overline{Z}_C = 50 + j15.70 - j31.83 =$$

$$= 50 - j16.13 = \sqrt{50^2 + 16.13^2}\, e^{j\tan^{-1}\left(\frac{-16.13}{50}\right)} = 52.53e^{-j17.8^\circ}\Omega$$

L'impedenza si presenta come ohmico-capacitiva dato che la reattanza e' di segno negativo. Prendendo il generatore di tensione come riferimento di fase, il fasore della corrente che circola nella maglia diventa:

$$\overline{I} = \frac{Ee^{j0}}{\overline{Z}_T} = \frac{100}{52.53e^{-j17.8^\circ}} = 1.91e^{j17.8^\circ} A$$

I fasori delle tensioni sono dati da:

$$\overline{V}_R = R\overline{I} = 50 * 1.91e^{j17.8^\circ} = 95.15e^{j17.8^\circ}V$$

$$\overline{V}_L = jX_L\overline{I} = j15.70 * 1.91e^{j17.8^\circ} = 29.89e^{j107.8^\circ}V$$

$$\overline{V}_C = -jX_C\overline{I} = -j31.83 * 1.91e^{j17.8^\circ} = 60.57e^{-j72.1^\circ}V$$

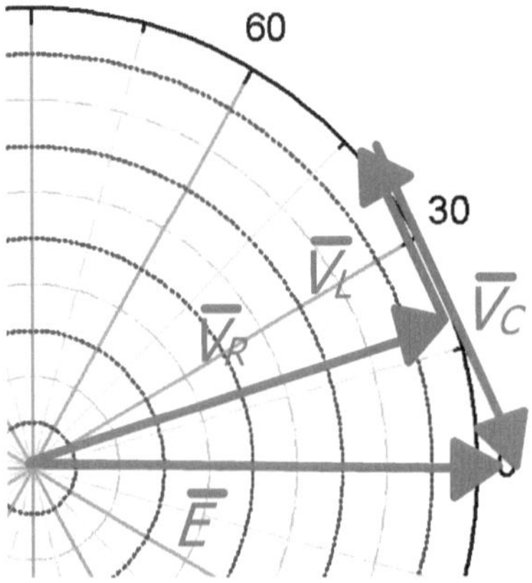

ESERCIZIO 2

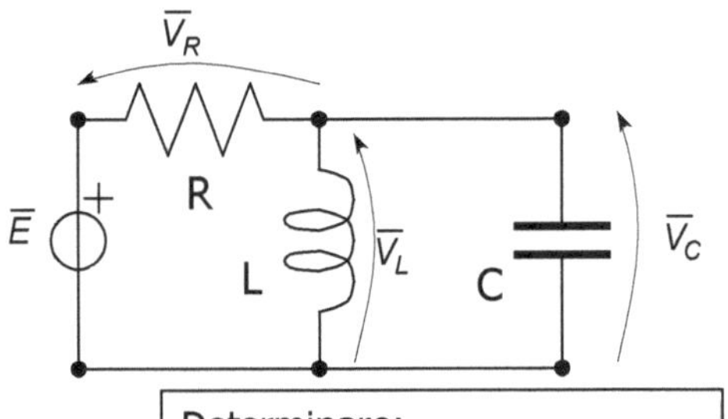

E=100V
R=50 Ω
C=10μF
L=0.05H
f=50Hz

Determinare:
a) diagramma vettoriale correnti
b) diagramma vettoriale tensioni

Soluzione

Data la frequenza di 50 Hz ed i valori dei componenti si possono calcolare i valori di impedenza:

$$\overline{Z}_L = j\omega L = j * 314 * 0.05 = j15.70\Omega$$

$$\overline{Z}_c = \frac{-j}{\omega C} = \frac{-j}{314 * 10 * 10^{-6}} = -j318.3\Omega$$

Il parallelo tra le due impedenze diventa:

$$\overline{Y}_{LC} = \frac{1}{\overline{Z}_L} + \frac{1}{\overline{Z}_C} = \frac{1}{j15.7} + \frac{1}{-j318.3} = -j59.8 * 10^{-3} S$$

$$\overline{Z}_{LC} = \frac{1}{\overline{Y}_{LC}} = j16.70\Omega$$

L'impedenza vista dal generatore e':

$$\overline{Z}_T = R + \overline{Z}_{LC} = 50 + j16.70 = \sqrt{50^2 + 16.7^2} e^{j \tan^{-1}\left(\frac{-16.7}{50}\right)} = 52.71 e^{j18.5^\circ} \Omega$$

Prendendo il generatore di tensione come riferimento di fase, il fasore della corrente che circola nella maglia diventa:

$$\overline{I} = \frac{E e^{j0}}{\overline{Z}_T} = \frac{100}{52.71 e^{-j18.5^\circ}} = 1.89 e^{-j18.5^\circ} A$$

I fasori delle tensioni sono dati da:

$$\overline{V}_R = R\overline{I} = 50 * 1.89 e^{-j18.5^\circ} = 94.5 e^{-j18.5^\circ} V$$

$$\overline{V}_{LC} = \overline{Z}_{LC}\overline{I} = j16.70 * 1.91 e^{-j18.5^\circ} = 16.70 e^{j90^\circ} * 1.91 e^{-j18.5^\circ} =$$

$$= 31.56 e^{j71.5^\circ} V$$

le correnti sono quindi:

$$\overline{I}_L = \frac{\overline{V}_{LC}}{\overline{Z}_L} = \frac{31.56 e^{j71.5^\circ}}{15.7^{j90^\circ}} = 2.01^{-j18.5^\circ} A$$

$$\overline{I}_C = \frac{\overline{V}_{LC}}{\overline{Z}_C} = \frac{31.56 e^{j71.5^\circ}}{318.3^{-j90^\circ}} = 0.10^{j161.5^\circ} A$$

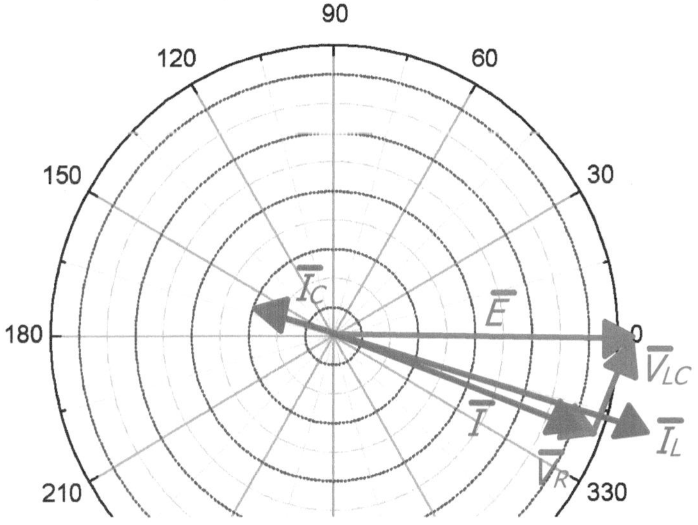

ESERCIZIO 3

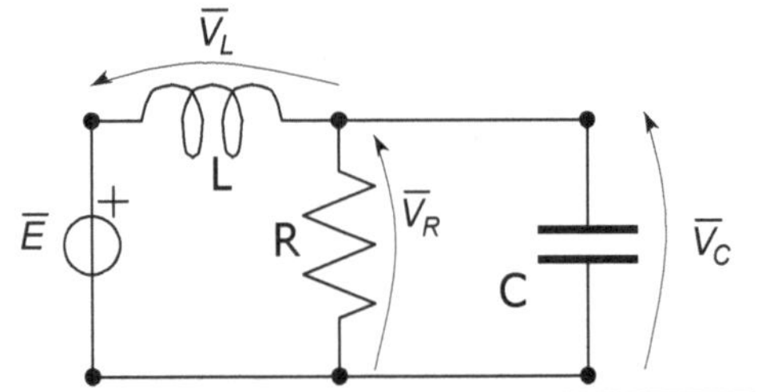

E=100V
R=50 Ω
C=10μF
L=0.1H
f=50Hz

Determinare:
a) diagramma vettoriale correnti
b) diagramma vettoriale tensioni

Soluzione

Data la frequenza di 50 Hz ed i valori dei componenti si possono calcolare i valori di impedenza:

$$\overline{Z}_L = j\omega L = j * 314 * 0.1 = j31.41\Omega$$

$$\overline{Z}_C = \frac{-j}{\omega C} = \frac{-j}{314 * 10 * 10^{-6}} = -j318.3\Omega$$

Il parallelo tra le due impedenze diventa:

$$\overline{Y}_{RC} = \frac{1}{R} + \frac{1}{\overline{Z}_C} = \frac{1}{50} + \frac{1}{-j318.3} = 20.24 * 10^{-3} e^{j8.3^\circ} S$$

$$\overline{Z}_{RC} = \frac{1}{\overline{Y}_{RC}} = 49.39 e^{-j8.3^\circ}\Omega$$

L'impedenza vista dal generatore e':

$$\overline{Z}_T = \overline{Z}_{LC} + \overline{Z}_{RC} = j31.41 + 48.87 - j7.13 = 48.87 + j24.48 =$$

$$= 54.661 e^{j26.4^\circ}\Omega$$

Prendendo il generatore di tensione come riferimento di fase, il fasore della corrente che circola nella maglia diventa:

$$\overline{I} = \frac{Ee^{j0}}{\overline{Z}_T} = \frac{100}{54.66 e^{j26.4^\circ}} = 1.85 e^{-j26.4^\circ} A$$

I fasori delle tensioni sono dati da:

$$\overline{V}_L = \overline{Z}_L \overline{I} = 31.41 e^{j90^\circ} * 1.85 e^{-j26.4^\circ} = 58.11 e^{j63.6^\circ} V$$

$$\overline{V}_{RC} = \overline{Z}_{RC} \overline{I} = 49.39 e^{-j8.3^\circ} * 1.85 e^{-j26.4^\circ} = 91.37 e^{-j34.7^\circ} V$$

le correnti sono quindi:

$$\bar{I}_R = \frac{\bar{V}_{RC}}{R} = \frac{91.37e^{-j34.7^\circ}}{50} = 1.83^{-j34.7^\circ}\ A$$

$$\bar{I}_C = \frac{\bar{V}_{RC}}{\bar{Z}_C} = \frac{91.37e^{-j34.7^\circ}}{318.3^{-j90^\circ}} = 0.28^{j55.3^\circ}\ A$$

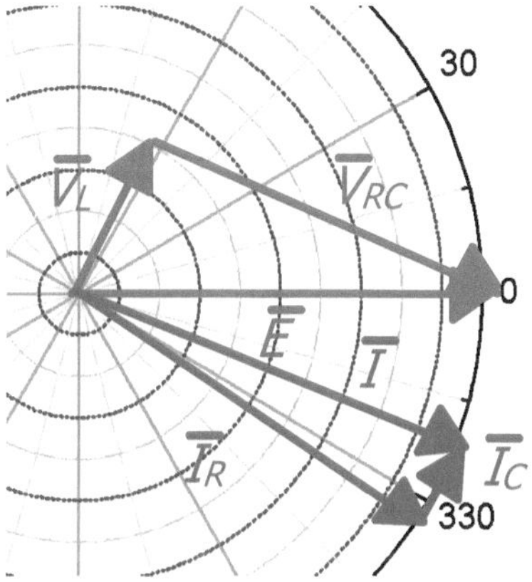

ESERCIZIO 4

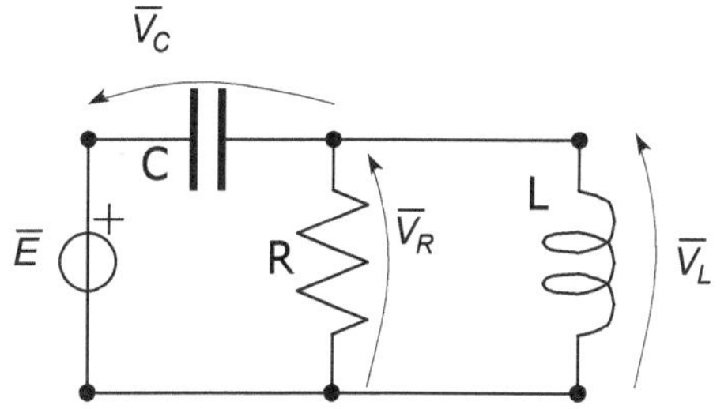

E=100V
R=10 Ω
C=50μF
L=0.1H
f=50Hz

Determinare:
a) diagramma vettoriale correnti
b) diagramma vettoriale tensioni

Soluzione

Data la frequenza di 50 Hz ed i valori dei componenti si possono calcolare i valori di impedenza:

$$\bar{Z}_L = j\omega L = j * 314 * 0.1 = j31.41\Omega$$

$$\bar{Z}_c = \frac{-j}{\omega C} = \frac{-j}{314 * 50 * 10^{-6}} = -j63.66\Omega$$

Il parallelo tra le due impedenze diventa:

$$\overline{Y}_{RL} = \frac{1}{R} + \frac{1}{\overline{\overline{Z}}_l} = \frac{1}{10} + \frac{1}{j31.41} = 0.105e^{-j17.6^\circ}\ S$$

$$\overline{\overline{Z}}_{RL} = \frac{1}{\overline{\overline{Y}}_{RL}} = 9.41e^{j17.6^\circ}\ \Omega$$

L'impedenza vista dal generatore e':

$$\overline{\overline{Z}}_T = \overline{\overline{Z}}_{RL} + \overline{\overline{Z}}_C = 8.97 + j2.84 - j63.66 = 61.46e^{-j81.6^\circ}\ \Omega$$

Prendendo il generatore di tensione come riferimento di fase, il fasore della corrente che circola nella maglia diventa:

$$\overline{I} = \frac{Ee^{j0}}{\overline{\overline{Z}}_T} = \frac{100}{61.46e^{-j81.6^\circ}} = 1.63e^{j81.6^\circ}\ A$$

I fasori delle tensioni sono dati da:

$$\overline{V}_C = \overline{\overline{Z}}_C \overline{I} = 63.66e^{-j90^\circ} * 1.63e^{j81.6^\circ} = 103.76e^{-j8.4^\circ}\ V$$

$$\overline{V}_{RL} = \overline{\overline{Z}}_{RL} \overline{I} = 9.41e^{j17.6^\circ} * 1.63e^{j81.6^\circ} = 15.17e^{j99.2^\circ}\ V$$

le correnti sono quindi:

$$\overline{I}_R = \frac{\overline{V}_{RL}}{R} = \frac{15.17e^{j99.2^\circ}}{10} = 1.51^{j99.2^\circ}\ A$$

$$\overline{I}_L = \frac{\overline{V}_{RL}}{\overline{\overline{Z}}_L} = \frac{15.17e^{j99.2^\circ}}{31.41^{j90^\circ}} = 0.48^{j9.2^\circ}\ A$$

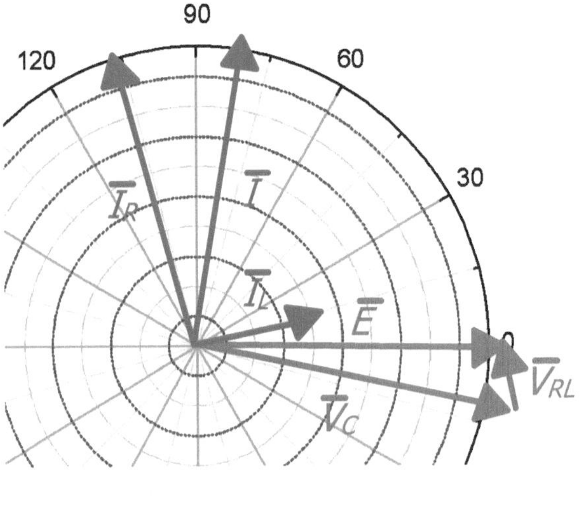

ESERCIZIO 5

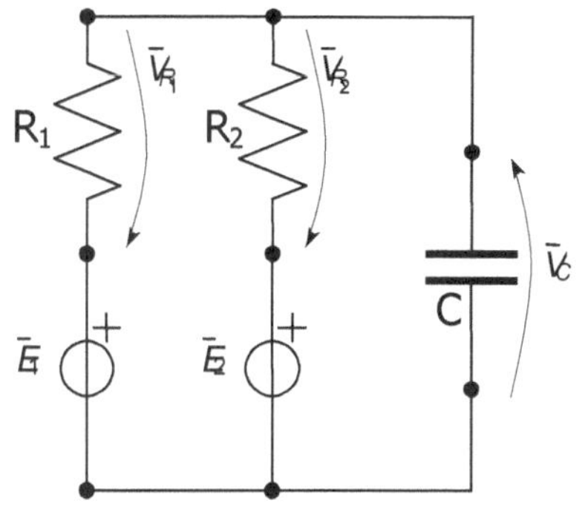

$E_1=E_2=100V$,
$\varphi_1=0°$, $\varphi_2=90°$
$R_1=R_2=10\ \Omega$,
$C=50\mu F$
$f=50Hz$

Determinare:
a) fasore corrente nel condensatore
b) fasori corrente nei generatori
c) fasore tensione sui resistori

Soluzione

L'impedenza del componente condensatore e' data da:

$$\bar{Z}_c=\frac{-j}{\omega C}=\frac{-j}{314*50*10^{-6}}=-j63.66\Omega$$

Definendo come A e B i morsetti a cui e' collegato il condensatore si vede come il circuito rispetti le ipotesi del teorema di Millmann:

$$\bar{V}_{AB}=\frac{\dfrac{\bar{E}_1}{R_1}+\dfrac{\bar{E}_2}{R_2}}{\dfrac{1}{R_1}+\dfrac{1}{R_1}+\dfrac{1}{\bar{Z}_C}}=\frac{\dfrac{100}{10}+\dfrac{100e^{j90°}}{10}}{\dfrac{1}{10}+\dfrac{1}{10}+\dfrac{1}{-j63.66}}=\frac{10+10e^{j90°}}{0.2+j0.0157}=$$

$$=70.48e^{j41°}V$$

Il fasore della corrente nel condensatore e' dato da:

$$\bar{I}_C=\frac{\bar{V}_{AB}}{\bar{Z}_C}=\frac{70.48e^{j41°}}{63.66e^{-j90°}}=1.11^{j131°}A$$

Le correnti nei generatori si possono calcolare utilizzando l'equazione di lato come:

$$\bar{V}_{AB}+R_1\bar{I}_1-\bar{E}_1=0$$

$$\bar{I}_1=\frac{\bar{E}_1-\bar{V}_{AB}}{R_1}=\frac{100-70.48e^{j41°}}{10}=10-5.32-j4.62=$$

$$=4.68-j4.62=6.58e^{-j44°}A$$

$$\bar{V}_{AB}+R_2\bar{I}_2-\bar{E}_2=0$$

$$\bar{I}_2 = \frac{\bar{E}_2 - \bar{V}_{AB}}{R_2} = \frac{j100 - 70.48e^{j41^\circ}}{10} = j10 - 5.32 - j4.62 =$$

$$= -5.32 + j5.38 = 7.57e^{j134^\circ}\,A$$

Le tensioni sui resistori sono quindi:

$$\bar{V}_{R1} = R_1\bar{I}_1 = 10 * 6.58e^{-j44^\circ} = 65.8e^{-j44^\circ}\,V$$

$$\bar{V}_{R2} = R_2\bar{I}_2 = 10 * 7.57e^{j134^\circ} = 75.7e^{j134^\circ}\,V$$

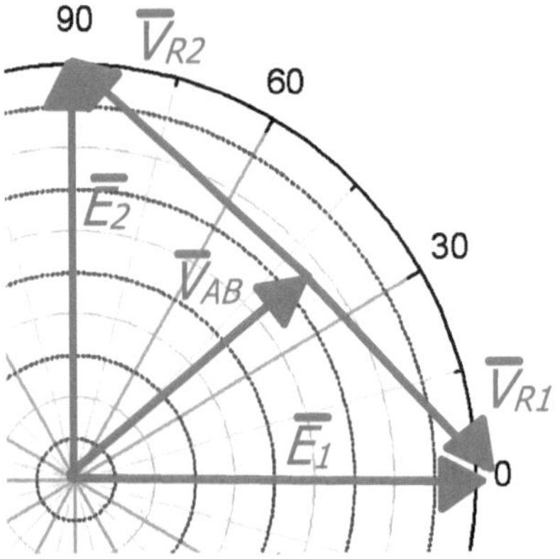

ESERCIZIO 6

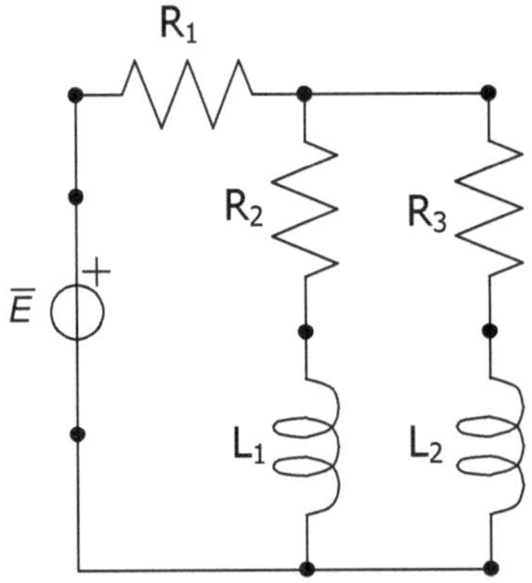

E=230V
R_1=10 Ω,
R_2=R_3=50Ω
L_1=L_2=0.1H
f=50Hz

Determinare:
a) fasori corrente nei componenti
b) diagramma vettoriale tensioni e correnti

Soluzione

Data la frequenza di 50 Hz ed i valori dei componenti si possono calcolare i valori di impedenza:

$\bar{Z}_{L1} = \bar{Z}_{L2} = j\omega L_1 = j * 314 * 0.1 = j31.41\Omega$

le impedenze dei due rami in parallelo sono uguali e l'impedenza equivalente diventa pertanto:

$$\bar{Z}_{eq} = \frac{1}{2}(R_2 + j\omega L_1) = 25 + j15.70 = 29.52e^{j32.1^\circ}\,\Omega$$

l'impedenza totale vista dal generatore e' data da:

$$\bar{Z}_{tot} = R_1 + \bar{Z}_{eq} = 10 + 25 + j15.7 = 35 + j15.7 = 38.34e^{j24.3^\circ}\,\Omega$$

prendendo il generatore come riferimento di fase, la corrente in R_1 e' pertanto:

$$\bar{I} = \frac{Ee^{j0^\circ}}{\bar{Z}_{tot}} = 6e^{-j24.3^\circ} A$$

dato che le impedenze $\bar{Z}_{L1}$ e $\bar{Z}_{L2}$ sono uguali, la corrente si ripartisce in parti uguali nei due rami in parallelo.

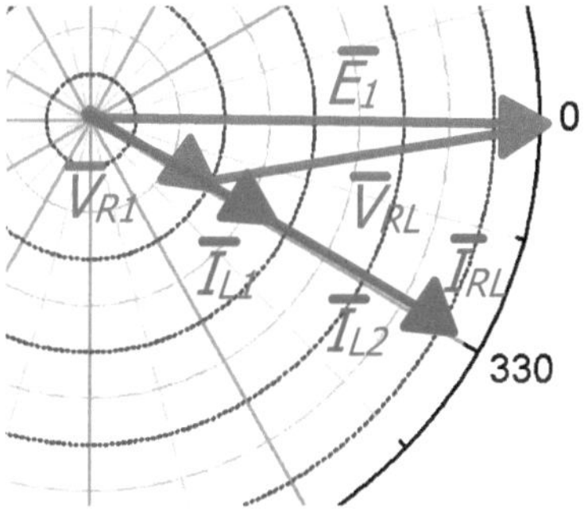

ESERCIZIO 7

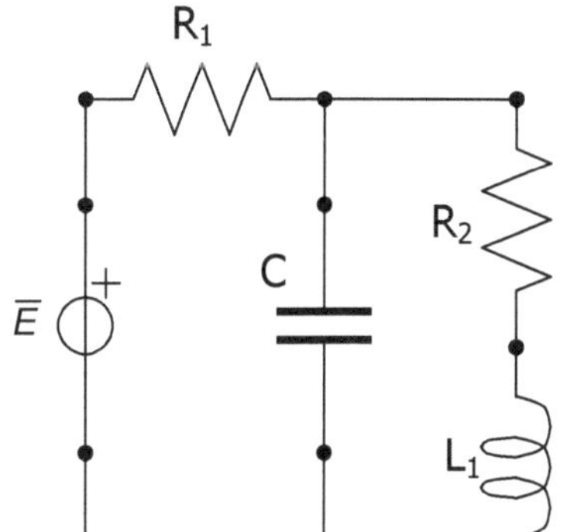

E=230V
R_1=10 Ω,
R_2=31Ω
L_1=0.1H
C=50μF
f=50Hz

Determinare:

a) fasori corrente nei componenti
b) diagramma vettoriale tensioni e correnti

Soluzione

Data la frequenza di 50 Hz ed i valori dei componenti si possono calcolare i valori di impedenza:

$$\bar{Z}_L = j\omega L_1 = j * 314 * 0.1 = j31.41\Omega$$

$$\bar{Z}_c = \frac{-j}{\omega C} = \frac{-j}{314 * 50 * 10^{-6}} = -j63.66\Omega$$

Il parallelo tra le due impedenze diventa:

$$\bar{Y}_{eq} = \frac{1}{R_2 + j\bar{Z}_L} + \frac{1}{\bar{Z}_C} = \frac{1}{31 + j31.41} + \frac{1}{-j63.66} =$$

$$= \frac{1}{44.12e^{j45^\circ}} + \frac{1}{63.66e^{-j90^\circ}} = 0.022e^{-j45^\circ} + 0.015e^{j90^\circ} =$$

$$= 0.015 - j0.015 + j0.015 = 0.015S$$

$$\bar{Z}_{eq} = \frac{1}{\bar{Y}_{eq}} = 66.6\Omega$$

l'impedenza totale vista dal generatore diventa:

$$\bar{Z}_{tot} = R_1 + \bar{Z}_{eq} = 10 + 66.6 = 76.6\Omega$$

da cui la corrente nel generatore:

$$\bar{I} = \frac{Ee^{j0^\circ}}{\bar{Z}_{tot}} = \frac{230}{76.6} = 3.0A$$

le correnti nei due rami si possono calcolare mediante i partitori di corrente:

$$\bar{I}_C = \bar{I}\frac{\bar{Z}_{RL}}{\bar{Z}_C + \bar{Z}_{RL}} = 3.0\frac{44.12e^{j45^\circ}}{31 + j31.41 - j63.66} = 3.0\frac{44.12e^{j45^\circ}}{44.7e^{-j46.1^\circ}} = 2.96e^{j91.1^\circ}$$

$$\bar{I}_{RL} = \bar{I}\frac{\bar{Z}_C}{\bar{Z}_C + \bar{Z}_{RL}} = 3.0\frac{63.66e^{-j90^\circ}}{31 + j31.41 - j63.66} = 3.0\frac{63.66e^{-j90^\circ}}{44.7e^{j46.1^\circ}} = 4.27e^{-j43.9^\circ}$$

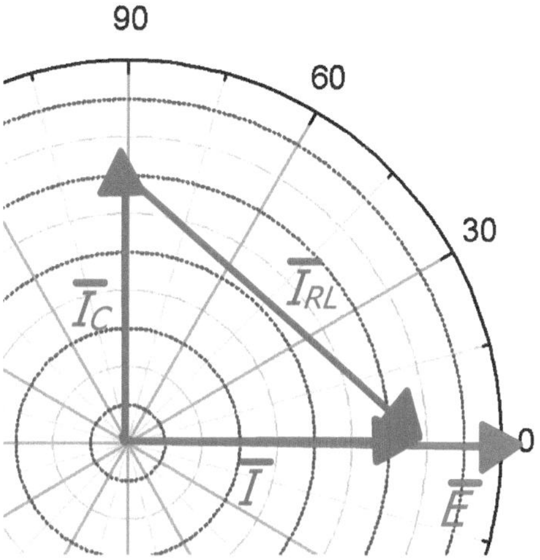

ESERCIZIO 8

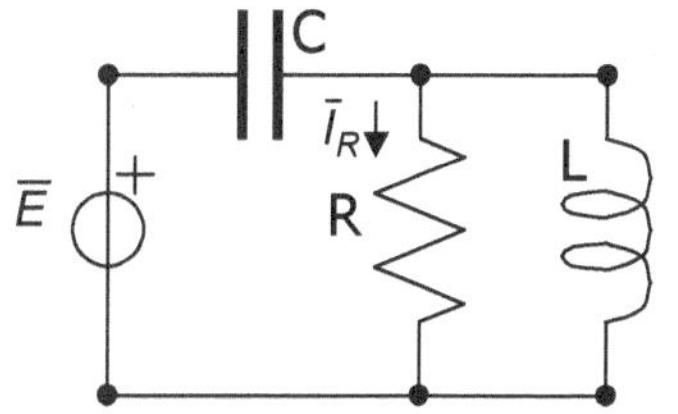

I_R=10 A
R=10 Ω,
L=0.1H
C=50μF
f=50Hz

Determinare:
a) il fasore della corrente in L
b) il fasore della corrente in C
c) il fasore della tensione del generatore

Soluzione

I valori dei componenti sono:

$$\overline{Z}_L = j\omega L_1 = j * 314 * 0.1 = j31.41\Omega$$

$$\overline{Z}_c = \frac{-j}{\omega C} = \frac{-j}{314 * 50 * 10^{-6}} = -j63.66\Omega$$

e' noto il valore di corrente che attraversa la resistenza. Assumendo questa corrente come riferimento di fase, si puo' calcolare il fasore di tensione ai capi della resistenza:

$$\overline{V}_R = R\overline{I}_R = 10 * 10e^{j0^\circ} = 100V$$

questa tensione e' applicata ai capi dell'induttanza e pertanto e' possibile calcolare il fasore di corrente che vi passa:

$$\bar{I}_L = \frac{\bar{V}_R}{\bar{Z}_L} = \frac{100}{j31.41} = 3.18e^{-j90^\circ} A$$

sommando le due correnti si ottiene il fasore della corrente che passa nel condensatore:

$$\bar{I}_C = \bar{I}_R + \bar{I}_L = 10 - j3.18 = 10.5e^{-j17.6^\circ} A$$

il fasore della tensione ai capi del condensatore diventa:

$$\bar{V}_C = \bar{Z}_C \bar{I}_C = 63.66e^{-j90^\circ} * 10.5e^{-j17.6^\circ} = 667.8^{-j107.6^\circ} = -201.9 - j636.5V$$

e la tensione del generatore:

$$\bar{E} = \bar{V}_C + \bar{V}_R = 101.9 - j636.5 = 644.6e^{j80.9^\circ} V$$

ESERCIZIO 9

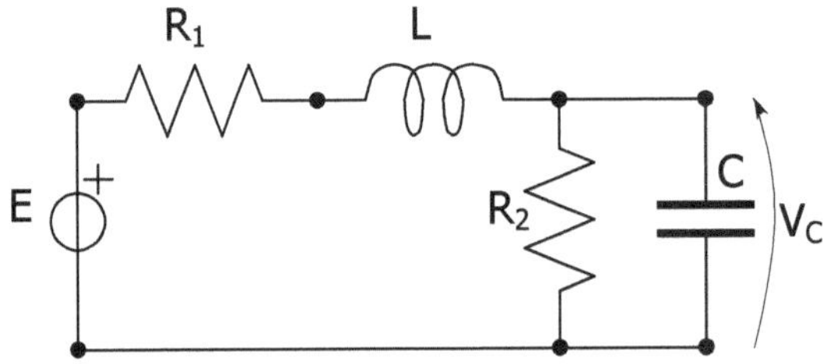

V_C=100 V
R_1=10 Ω,
R_2=10Ω
L=0.1H
C=50μF
f=50Hz

Determinare:
a) il fasore della corrente in R_2
b) il fasore della corrente in R_1
c) il fasore della tensione del generatore

Soluzione

I valori dei componenti sono:

$$\bar{Z}_L = j\omega L_1 = j * 314 * 0.1 = j31.41\Omega$$

$$\bar{Z}_c = \frac{-j}{\omega C} = \frac{-j}{314 * 50 * 10^{-6}} = -j63.66\Omega$$

Nota la tensione ai capi del condensatore ed assunta questa grandezza come riferimento di fase, si puo' calcolare il fasore della corrente che lo attraversa:

$$\bar{I}_C = \frac{\bar{V}_C}{\bar{Z}_C} = \frac{100e^{j0^\circ}}{63.66e^{-j90^\circ}} = 1.57e^{j90^\circ} A$$

la resistenza R_2 e' attraversata dalla corrente:

$$\bar{I}_{R2} = \frac{\bar{V}_C}{R_2} = \frac{100e^{j0°}}{10} = 10A$$

la corrente che attraversa il ramo RL e' la somma delle due correnti:

$$\bar{I}_{RL} = \bar{I}_C + \bar{I}_{R2} = 10 + j1.57 = 10.12e^{j8.9°}A$$

l'impedenza del ramo RL e' data da:

$$\bar{Z}_{RL} = 10 + j31.41 = 32.9e^{j72.3°}\Omega$$

il fasore della tensione e' pertanto:

$$\bar{V}_{RL} = \bar{Z}_{RL}\bar{I}_{RL} = 132.9e^{j72.3°} * 10.12e^{j8.9°} = 50.9 + j328.9V$$

la tensione del generatore si ricava dall'equazione di maglia:

$$\bar{E} = \bar{V}_{RL} + \bar{V}_C = 50.9 + j328.9 + 100 = 150.9 + j328.9 = 361.9e^{j65°}V$$

ESERCIZIO 10

Data la rete in regime sinusoidale rappresentata in figura, in cui:

$\bar{Z}_1 = \bar{Z}_3 = 4+j4\ \Omega$ $\bar{Z}_2 = \bar{Z}_4 = 6+j4\ \Omega$

$\bar{E}_1 = 2+j2$ V $\bar{I}_{g1} = 2+j2$ A $\bar{I}_{g2} = \bar{I}_{g3} = 1+j1$ A

Determinare:

Il generatore equivalente di Thevenin ai morsetti A-O

La potenza attiva e reattiva erogata dal generatore $\bar{I}_{g1}$;

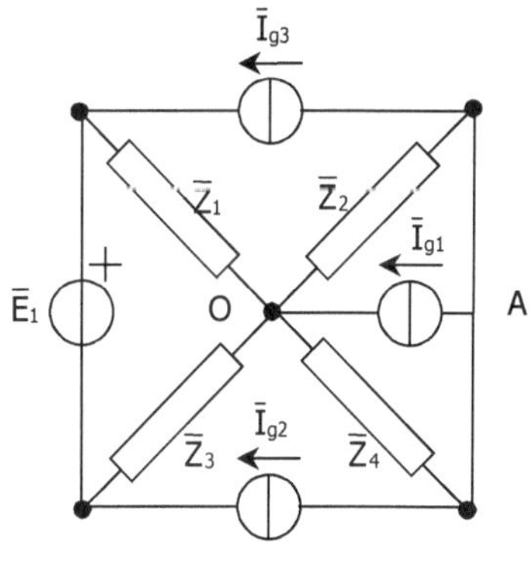

Soluzione

Risposta a)

Applichiamo il Principio di Sovrapposizione degli effetti.

Per quanto riguarda il contributo del generatore di tensione $\bar{E}_1$, si ha:

$\bar{V}_{AO}{}^{E} = 0\ V$

Consideriamo ora il contributo dei generatori di corrente $\bar{I}_{g2}$ ed $\bar{I}_{g3}$.

La rete risulta:

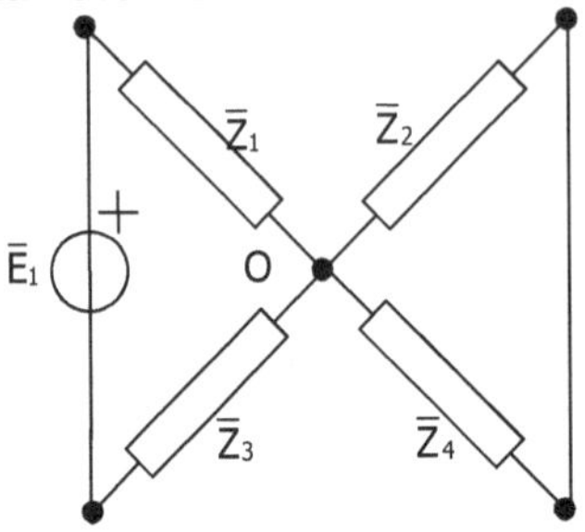

Si evince che le impedenze $\bar{Z}_1$ e $\bar{Z}_3$ sono in parallelo così come $\bar{Z}_2$ e $\bar{Z}_4$. Il contributo $\bar{V}_{AO}{}^{I_{g2}+I_{g3}}$ è quindi dato dalla tensione ai capi del parallelo di impedenze tra $\bar{Z}_2$ e $\bar{Z}_4$, che risultano percorse dalla somma delle correnti dei due generatori:

$$\bar{V}_{AO}{}^{I_{g2}+I_{g3}} = -\left(\bar{I}_{g2} + \bar{I}_{g3}\right)\left(\frac{\bar{Z}_4\bar{Z}_2}{\bar{Z}_4 + \bar{Z}_2}\right) = -2 - j10\ V$$

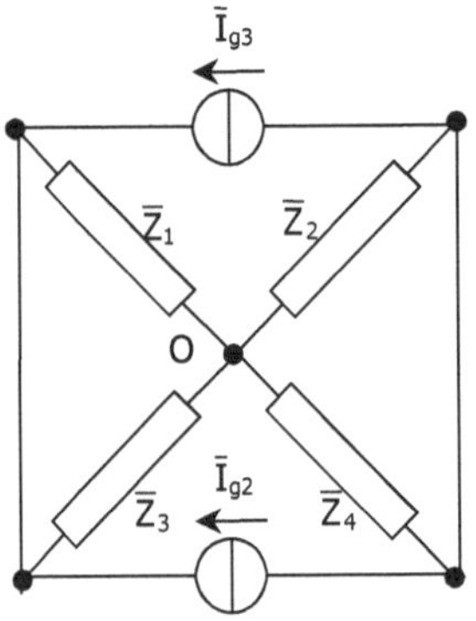

Per quanto riguarda invece il contributo di $\bar{I}_{g1}$, si ha che le impedenze $\bar{Z}_1$ e $\bar{Z}_3$ non sono percorse da corrente e la corrente $\bar{I}_{g1}$ percorre il parallelo formato dalle impedenze $\bar{Z}_2$ e $\bar{Z}_4$:

$$\bar{V}_{AO}{}^{Ig1} = -\bar{I}_{g1}\left(\frac{\bar{Z}_4\bar{Z}_2}{\bar{Z}_4 + \bar{Z}_2}\right) = -2 - j10\ V$$

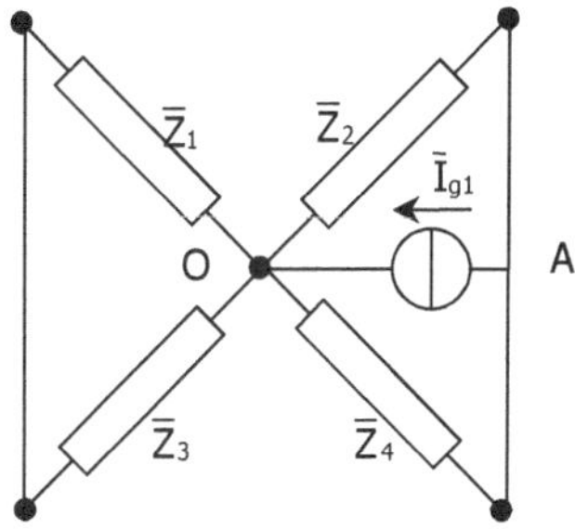

La tensione totale è pari alla somma dei contributi precedentemente determinati:

$$\bar{V}_{AO} = -4 - j20 \ V$$

L'impedenza equivalente è pari a

$$\bar{Z}_{eq} = \left(\frac{\bar{Z}_4 \bar{Z}_2}{\bar{Z}_4 + \bar{Z}_2} \right) = 3 + j2 \ \Omega$$

Risposta b)

La determinazione della potenza erogata dal generatore $\bar{I}_{g1}$ può essere determinata calcolando il circuito equivalente di Thevenin ai capi del generatore stesso (ossia in assenza del generatore). L'impedenza equivalente risulta uguale alla precedente:

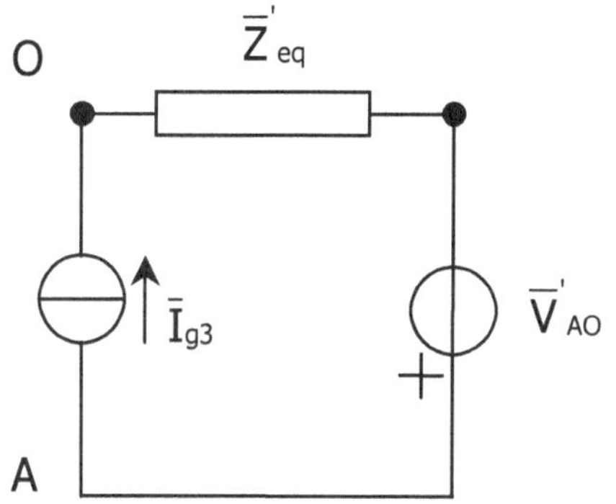

$$\bar{Z}_{eq}' = \bar{Z}_{eq} = \left(\frac{\bar{Z}_4 \bar{Z}_2}{\bar{Z}_4 + \bar{Z}_2} \right) = 3 + j2 \ \Omega$$

Il generatore equivalente è quello calcolato precedentemente senza il contributo di $\bar{I}_{g1}$:

$$\bar{V}_{AO}' = \bar{V}_{AO}^{\,I_{g2}+I_{g3}} = -\left(\bar{I}_{g2} + \bar{I}_{g3}\right)\left(\frac{\bar{Z}_4\bar{Z}_2}{\bar{Z}_4 + \bar{Z}_2}\right) = -2 - j10 \quad V$$

La tensione ai capi del generatore è pari a:

$$\bar{V}_{g1} = \bar{I}_{g1}\bar{Z}_{eq} - \bar{V}_{AO}' = 4 + j20 \quad V$$

La potenza attiva e reattiva è pari a:

$$S_{g1} = \bar{V}_{g1} \cdot \bar{I}^*{}_{g1} = 48 + j32 \; VA$$

ESERCIZIO 11

Determinare il generatore equivalente di Thevenin tra i morsetti A e B, sapendo che:

$\bar{Z}_1 = \bar{Z}_2 = 10+j3\ \Omega$ $\bar{Z}_3 = \bar{Z}_4 = 5+j2\ \Omega$

$\bar{I}_g = 1\angle 10\ \ A$ $\bar{E} = 10\angle 0\ V$

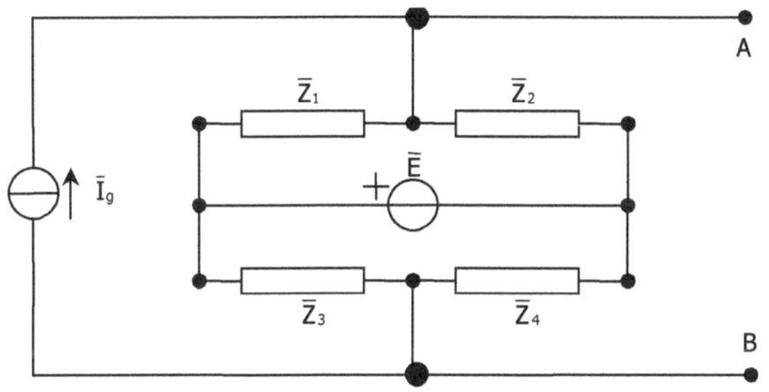

Soluzione:

Iniziamo con il calcolo del generatore equivalente. Occorre considerare i contributi dei due generatori. Per quanto riguarda il contributo del generatore di tensione $\bar{E}$, si ha:

$$\bar{V}_{AB}^{\,E} = -\frac{\bar{E}}{\bar{Z}_1+\bar{Z}_2}\bar{Z}_1 + \frac{\bar{E}}{\bar{Z}_3+\bar{Z}_4}\bar{Z}_3 = -\frac{\bar{E}}{2}+\frac{\bar{E}}{2} = 0\ V$$

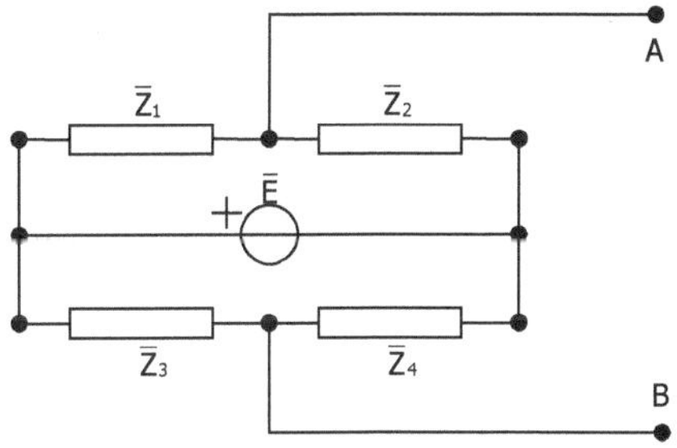

Per quanto riguarda il contributo del generatore $\bar{I}_g$:

$$\bar{V}_{AB}^{\,I_g} = \bar{I}_g \cdot \left(\frac{\bar{Z}_1\bar{Z}_2}{\bar{Z}_1+\bar{Z}_2} + \frac{\bar{Z}_3\bar{Z}_4}{\bar{Z}_3+\bar{Z}_4} \right) = (1\angle 10)(5+j1.5+2.5+j1) = 6.95+j3.76\ V$$

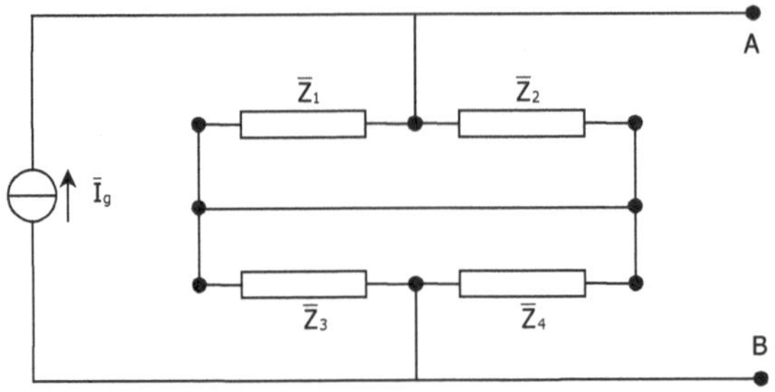

Il valore complessivo risulta perciò:

$\bar{V}_{AB} = \bar{V}_{AB}^{\ I_g} = 6.95 + j3.76\ V$

Infine, per quanto riguarda l'impedenza equivalente:

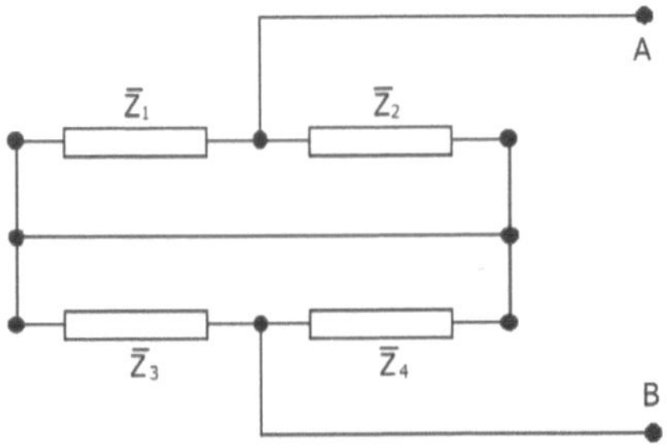

$$\bar{Z}_{AB} = \frac{\bar{Z}_1\bar{Z}_2}{\bar{Z}_1+\bar{Z}_2} + \frac{\bar{Z}_3\bar{Z}_4}{\bar{Z}_3+\bar{Z}_4} = 5 + j1.5 + 2.5 + j1 = 7.5 + j2.5 = 7.9\angle 18.4 \quad \Omega$$

CAPITOLO 8

RETI IN REGIME SINUSOIDALE: METODO DELLE POTENZE

ESERCIZIO 1

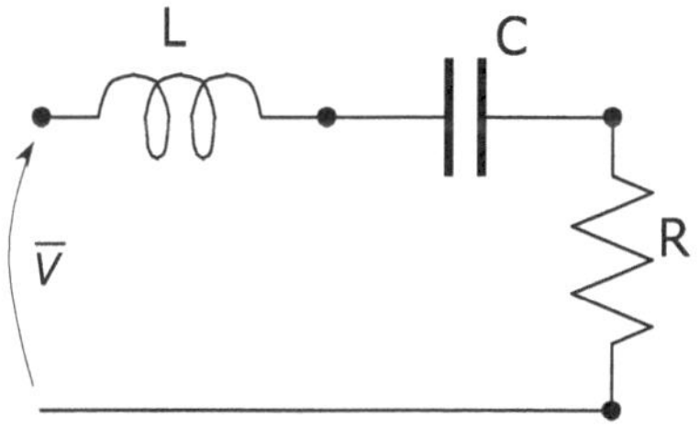

R=10 Ω
C=100 μF
L=0.1 H
V=230 V

Determinare:
a) corrente assorbita
b) P,Q

Soluzione

Si considera $\overline{V}$ come riferimento di fase e, in assenza di indicazioni diverse, la frequenza pari a 50 Hz:

$$\bar{I} = \frac{\overline{V}}{R + jX_L - jX_C}$$

$$jX_L = j\omega L = j * 314.15 * 0{,}1 = j31.41\Omega$$
$$-jX_C = -j(1/\omega C) = -j(10000/314.15) = -j31.831\Omega$$

il fasore dalla corrente diventa:

$$\bar{I} = \frac{230}{10 - j31.8319 + j31.415} = \frac{230}{10 - j0.4169} = 23e^{j2.38^\circ} A$$

a questo punto e' possibile calcolare le potenze assorbite dal dipolo:

$$\bar{S} = P + jQ = \bar{V}\bar{I}^{*} = (230 * 23)(\cos(2.38°) + j\, sen(2.38°)) =$$
$$= 5285.40 + j220.34\,VA$$

$$P = 5285.40\,W$$
$$Q = 220.34\,Var$$

ESERCIZIO 2

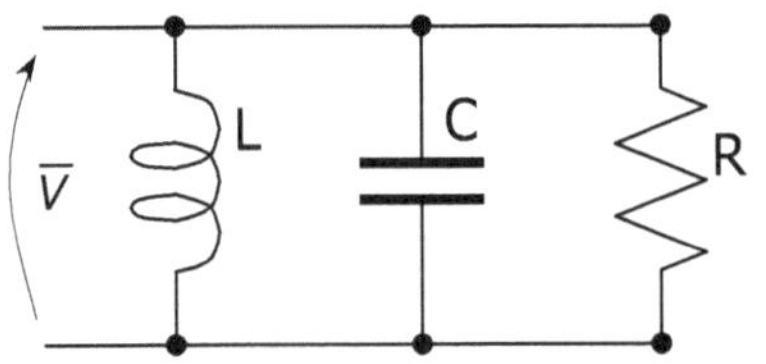

R=10 Ω
C=100 μF
L=0.1 H
V=230 V

Determinare:
a) corrente assorbita
b) P,Q

Soluzione

Si determinano le impedenze dei rami in parallelo:

$$jX_L = j\omega L = j * 314.15 * 0.1 = j31.41\Omega$$
$$-jX_C = -j(1/\omega C) = -j(10000/314.15) = -j31.83\Omega$$

Si calcolano quindi le potenze attive e reattive assorbite. Dato che i dipoli sono sottoposti alla tensione V si può calcolare la potenza assorbita in funzione della tensione:

$$P = \frac{V^2}{R} = \frac{(230)^2}{10} = 5.29kW$$

Le potenze reattive di L e C:

$$Q_C = Im\left(\frac{V^2}{Z^*}\right) = -\frac{230^2}{31.83} = -1661.95Var$$

$$Q_L = Im\left(\frac{V^2}{Z^*}\right) = \frac{230^2}{31,41} = 1683,9Var$$

$$Q_{tot} = Q_C + Q_L = 21,96Var$$
$$S_{tot} = P + jQ_{tot} = (5290 + j21,96)VA$$

Una volta nota la potenza complessa assorbita dal dipolo si può considerare il fattore di potenza:

$$tg\varphi = \frac{Q_{tot}}{P_{tot}} \approx 0 \Rightarrow \cos\varphi = 1$$

in seguito al calcolo del fattore di potenza si può vedere come i termini reattivi siano ininfluenti, elidendosi a vicenda, il dipolo e' in condizioni di risonanza e dall'esterno viene visto come una resistenza di valore pari a R. Assumendo la tensione come riferimento di fase, la corrente assorbita e' quindi pari a:

$$\bar{I}_{ass} = \frac{Ve^{j0}}{R} = 23e^{j0}A$$

ESERCIZIO 3

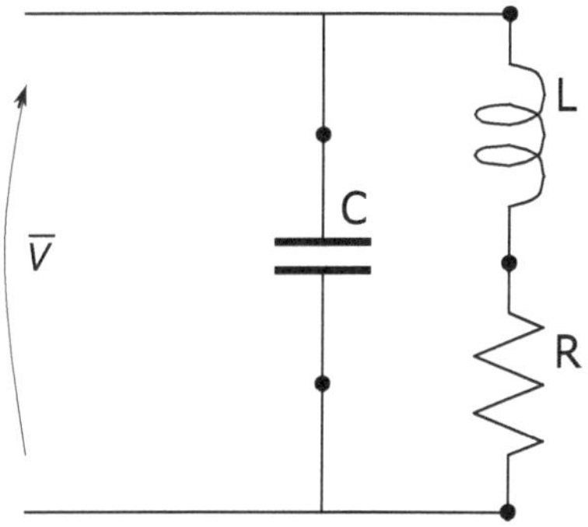

R=2 Ω
C=60 μF
L=10 mH
V=230 V

Determinare:
a) P,Q del ramo RL
b) Q del condensatore
c) P,Q complessiva
d) corrente assorbita

Soluzione

Il problema richiede il calcolo preventivo dell'impedenza del ramo RL:

$$jX_L = j\omega L = j * 314{,}15 * 0{,}01 = j3{,}141\Omega$$

$$\bar{S}_{RL} = \frac{V^2}{\bar{Z}*} = \frac{230^2}{2 - j3.141} = 14.20e^{j57°}kVA$$

$$cos(57.51°) - 0.537$$

$$sen(57.51°) = 0.843$$

$$\bar{S}_{RL} = 14.20 * (0.537 + j0.843) = (7{,}63 + j11{,}98)kVA.$$

La potenza assorbita dal condensatore vale allora:

$$Q_C = Im(-j\omega CV^2) = -\omega CV^2 = -314.15 * 60 * 10^{-6} * 230^2 = -997.14Var$$

Complessivamente la potenza apparente richiesta ai capi del bipolo è:

$$\bar{S}_{tot} = (7.63 + j11.98 - j0.99)kVA = (7.63 - j11)kVA$$

Si calcola infine la corrente assorbita:

$$tg\varphi = \frac{Q_{tot}}{P_{tot}} = 1.44 \Rightarrow cos\,\varphi = 0.569$$

$$I = \frac{P}{V\cos\varphi} = \frac{7630}{230 * 0.569} = 58.20A$$

ESERCIZIO 4

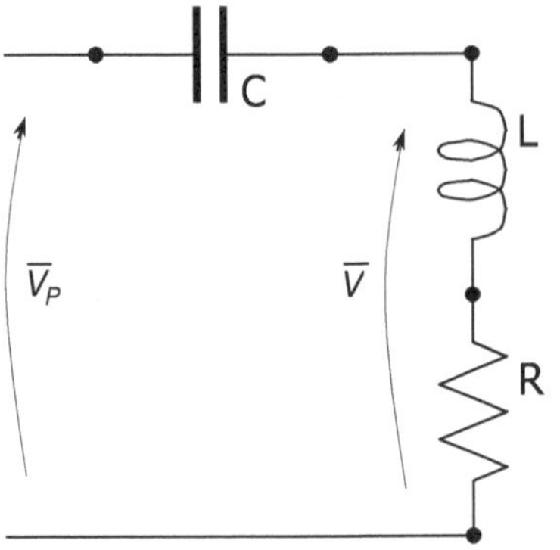

R=0.5 Ω
C=30 μF
L=10 mH
V=100 V

Determinare:
a) P,Q del ramo RL
b) Q del condensatore
c) P,Q complessiva
d) tensione $\overline{V}_P$

Soluzione

Si determinano le impedenze dei tre componenti:

$jX_L = j\omega L = j * 314.15 * 0.01 = j3.14\Omega$

$-jX_C = -j(1/\omega C) = -j(1/314.15 * 30 * 10^{-6}) = -j106.1\Omega$

$R = 0.5\Omega$

Assumendo V come riferimento di fase si puo' determinare la corrente nel ramo RL:

$$\overline{I} = \frac{\overline{V}}{R + jX_L} = \frac{100\, e^{j0}}{0.5 + j3.14} = \frac{100}{3.181} e^{-j80,9°} =$$

$$= 31,44\, e^{-j80,9°} A;$$

$$\overline{S}_{RL} = \overline{V}\overline{I}^* = 100 * 31,44\, e^{+j80,9°} = (497.185 + j3104)VA;$$

Per trovare la potenza reattiva assorbita dal condensatore, nota la reattanza e la capacita':

$Q_C = X_C I^2 = -106.1 * 31.44^2 = -104.86kVAr$

Complessivamente il bipolo assorbe una potenza complessa che, grazie al teorema di Boucherot, si calcola come somma di tutte le potenze singole:

$\overline{S}_{tot} = 0.497 - j101.77\, kVA;$

La tensione agente su tutto il bipolo si può calcolare dai dati sulla potenza:

$$tg\ \varphi = \frac{Q_{tot}}{P_{tot}} = 204.7 \Rightarrow \cos\varphi = 0.005$$

$$V = \frac{P}{I\ cos\ \varphi} = \frac{4970}{31.44 * 0.067} = 2360A$$

ESERCIZIO 5

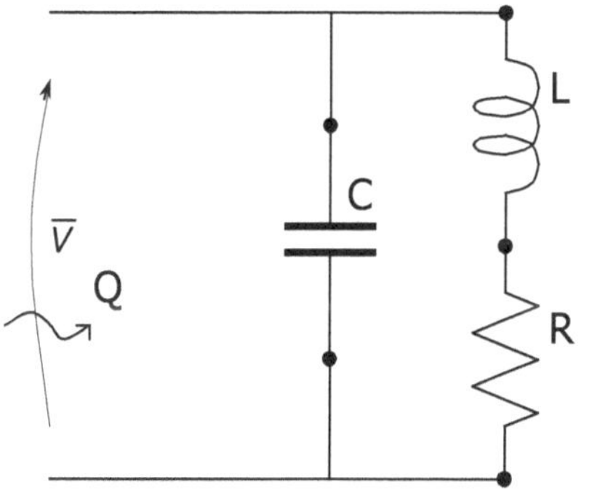

R=1 Ω
L=10 mH
V=230 V
Q=10 kVAr

Determinare:
a) P,Q del ramo RL
b) Q del condensatore
c) C
d) corrente assorbita

Soluzione

Al fine di determinare la potenza attiva e reattiva del ramo RL si può calcolarne l'impedenza:

$$jX_L = j\omega L = j * 314.15 * 0.01 = j3.14\Omega$$

$$R = 1\Omega$$

$$\left|\overline{Z}_{RL}\right| = \sqrt{1^2 + 3.14^2} = 3.29\Omega$$

$$\angle\overline{Z}_{RL} = tan^{1}\left(\frac{3.14}{1}\right) = 72^{\circ}$$

da cui la potenza complessa si può calcolare come:

$$\overline{S}_{RL} = \overline{V} * \overline{I}^* = \frac{V^2}{Z^*} = \frac{230^2}{3.29e^{-j72^{\circ}}} = [16045\,cos(72^{\circ}) + j16045\,sen(72^{\circ})]VA =$$

$$P_{RL} = 4.87kW;$$

$$Q_{RL} = 15.26kVAr;$$

A questo punto, nota la potenza reattiva assorbita dal dipolo e quella del ramo RL, per differenza e' possibile calcolare quella assorbita dal condensatore:

$$Q_C = (10 - 15.26)kVAr = -5,26kVAr$$

La capacità dello stesso condensatore e' quindi pari a:

$$C = \frac{|Q_C|}{\omega V^2} = \frac{5260}{314.15 * 230^2} = 316\mu F$$

La corrente assorbita dal dipolo si puo calcolare mediante le potenze:

$$tg\varphi = \frac{Q_{tot}}{P_{tot}} = 2.05 \Rightarrow \cos\varphi = 0.438$$

$$I = \frac{P}{V\cos\varphi} = \frac{4870}{230 * 0.438} = 48.34A$$

ESERCIZIO 6

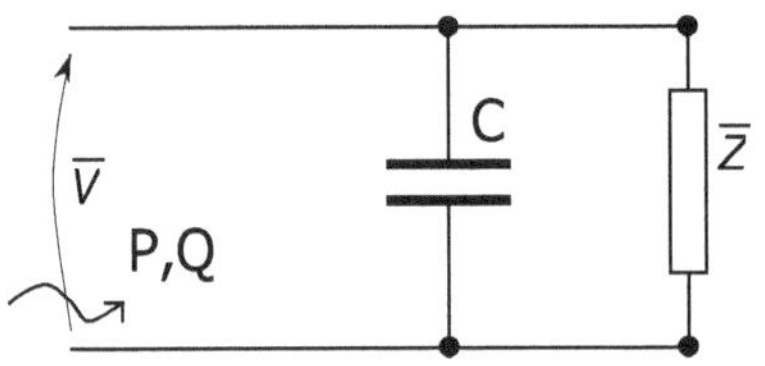

C=1 μF
V=230 V
P=20 W
Q=20 VAr

Determinare:
a) Q del condensatore
b) P,Q di $\overline{Z}$
c) R, X

Soluzione

La potenza reattiva del condensatore si puo' calcolare nota C e la tensione applicata:

$$Q_C = Im(-j\omega CV^2) = -314.15 * 10^{-6} * 230^2 = -16.62 VAr$$

Per differenza la potenza attiva e reattiva di Z diventa:

$$Q_Z = Q - Q_C = 20 - (-16.62) = 36.62\,VAr$$

$$P_Z = 20W$$

A questo punto, nota la tensione e la potenza complessa si puo' calcolare l'impedenza del ramo RL:

$$tg\,\varphi = \frac{Q_Z}{P_Z} = 1.83 \Rightarrow \cos\varphi = 0.479$$

$$I = \frac{P_Z}{V\cos\varphi} = \frac{20}{230 * 0.479} = 0.18A$$

$$Z_{RL} = \frac{V}{I} = \frac{230}{0.18} = 1277.7\Omega$$

$$R = Z_{RL}\cos\varphi = 612\Omega$$

$$X_L = Z_{RL}\sin\varphi = 1121\Omega$$

ESERCIZIO 7

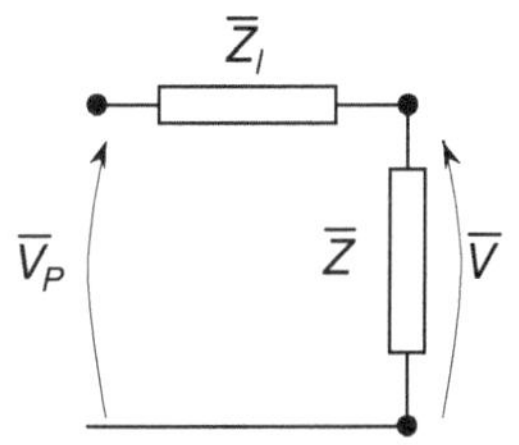

V=230 V

$\overline{Z} = 5 + j5\Omega$

$\overline{Z}_l = 0.1 + j0.2\Omega$

Determinare:

a) corrente assorbita da $\overline{Z}$

b) P,Q di $\overline{Z}$

c) tensione $\overline{V}_P$

Soluzione

La corrente che transita nel carico e' data da:

$$\overline{I} = \frac{V}{\overline{Z}} = \frac{230}{5+j5} = 32.52e^{-j45°}A$$

La potenza attiva e quella reattiva assorbite da questo valgono:

$$P_Z = RI^2 = 5 * (32.52)^2 = 5.28kW$$

$$Q_Z = XI^2 = 5 * (32.52)^2 = 5.28kVAr$$

La tensione V_P si puo' calcolare dalla potenza complessiva assorbita dai carichi. La potenza attiva e reattiva dell'impedenza Z_l si puo' calcolare come:

$$P_l = R_l I^2 = 0.1 * 32.52^2 = 105.7W$$

$$Q_l = X_l I^2 = 0.2 * 32.52^2 = 211.5VAr$$

la potenza complessa in partenza alla linea diventa:

$$P_P = P_Z + P_l = 5280 + 105.7 = 5385.7W$$

$$Q_P = Q_Z + Q_l = 5280 + 211.5 = 5491.5VAr$$

da cui si ricava il fattore di potenza:

$$tg\,\varphi = \frac{Q_P}{P_P} = 1.02 \Rightarrow cos\,\varphi = 0.700$$

e la tensione in partenza alla linea:

$$V_P = \frac{P_P}{I\,cos\,\varphi} = \frac{5385.7}{32.52 * 0.700} = 236.5V$$

ESERCIZIO 8

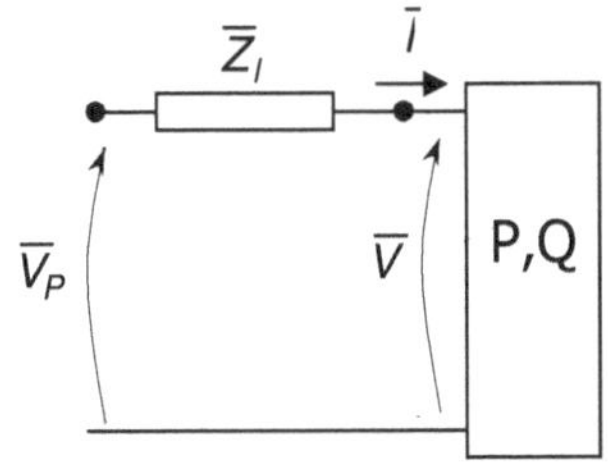

V=230 V
P=10kW, Q=10kVAr
$\overline{Z}_l = 0.1 + j0.2\Omega$

Determinare:
a) corrente $\overline{I}$
b) P,Q di $\overline{Z}_l$
c) tensione $\overline{V}_P$

Soluzione

La corrente assorbita dal carico e' data da:

$$tg\varphi = \frac{Q}{P} = 1.00 \Rightarrow cos\,\varphi = 0.707$$

$$I = \frac{P}{V\,cos\,\varphi} = \frac{10000}{230 * 0.707} = 61.49A$$

La potenza attiva e quella reattiva assorbite dalla impedenza di linea valgono:

$$P_l = R_l I^2 = 0{,}1 * (61.49)^2 = 378{,}1W$$

$$Q_l = X_l I^2 = 0{,}2 * (61.49)^2 = 756{,}4VAr$$

la potenza complessa in partenza alla linea diventa:

$$P_P = P + P_l = 10000 + 378.1 = 10378.1\,W$$

$$Q_P = Q + Q_l = 10000 + 756.4 = 10756.4\,VAr$$

da cui:

$$tg\,\varphi = \frac{Q_P}{P_P} = 1.04 \Rightarrow cos\,\varphi = 0.694$$

e la tensione in partenza alla linea:

$$V_P = \frac{P_P}{I\,cos\,\varphi} = \frac{10378.1}{61.49 * 0.694} = 241.6\,V$$

ESERCIZIO 9

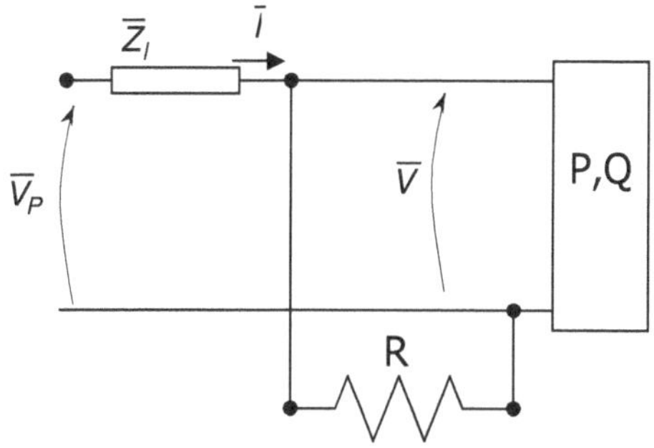

V=230 V
R=10 Ω
P=10kW, Q=10kVAr
$\bar{Z}_l = 0.2 + j0.2\Omega$

Determinare:
a) corrente $\bar{I}$
b) P,Q di $\bar{Z}_l$
c) tensione $\bar{V}_P$

Soluzione

Per calcolare la corrente assorbita dai due carichi e' necessario determinare la potenza complessa:

$$P_R = \frac{V^2}{R} = \frac{230^2}{10} = 5290W$$

che sommata alla potenza attiva del carico fornisce una potenza complessa complessiva:

$$P_{tot} = P + P_R = 10000 + 5290 = 15290W$$

$$Q_{tot} = Q = 10000VAr$$

$$tg\,\varphi = \frac{Q_{tot}}{P_{tot}} = 0.654 \Rightarrow cos\,\varphi = 0.837$$

$$I = \frac{P}{V\,cos\,\varphi} = \frac{15290}{230 * 0.837} = 79.43\,A$$

La potenza complessa della impedenza di linea diventa ora:

$$P_L = R_l I^2 = 0,2 * (79.43)^2 = 1261.9W$$

$$Q_L = X_l I^2 = 0,2 * (79.43)^2 VAr = 1261.9VAr$$

$$P_P = P + P_l = 15290 + 1261.9 = 16551.9W$$

$$Q_P = Q + Q_l = 10000 + 1261.9 = 11261.9VAr$$

da cui secondo il noto procedimento:

$$tg\varphi_P = \frac{Q_P}{P_P} = 0.680 \Rightarrow cos\,\varphi = 0.826$$

$$V_P = \frac{P_P}{I\,cos\,\varphi_P} = \frac{16551.9}{79.43 * 0.826} = 252.3\,V$$

ESERCIZIO 10

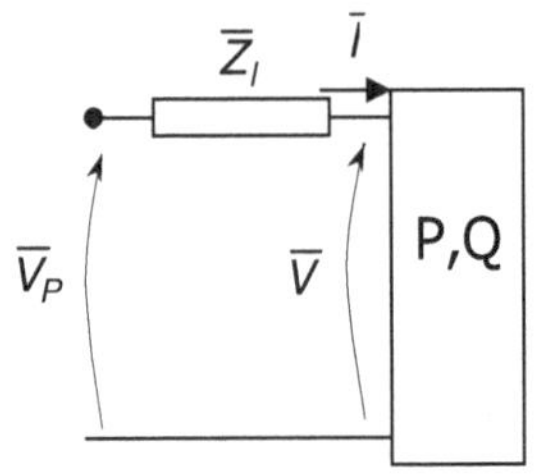

V=230 V
P=10kW, Q=15kVAr
$\overline{Z}_l = 0.2 + j0.2\Omega$

Determinare:
a) corrente $\overline{I}$
b) tensione $\overline{V}_P$
c) rifasamento cosφ'=0.9
d) corrente $\overline{I}'$
e) tensione $\overline{V}_P'$

Soluzione

Si puo' calcolare la corrente assorbita dal carico dai dati delle potenze:

$$tg\varphi = \frac{Q}{P} = 1.5 \Rightarrow cos\,\varphi = 0.554$$

$$I = \frac{P}{V\,cos\,\varphi} = \frac{10000}{230 * 0.554} = 78.48A$$

$$P_L = R_l I^2 = 0,2 * (78.48)^2 = 1231.8W$$

$$Q_L = X_l I^2 = 0,2 * (78.48)^2 VAr = 1231.8VAr$$

$$P_p = P + P_l = 10000 + 1231.8 = 11231.8W$$

$$Q_P = Q + Q_l = 15000 + 1231.8 = 16231.8VAr$$

da cui secondo il noto procedimento:

$$tg\varphi_P = \frac{Q_P}{P_p} = 1.445 \Rightarrow cos\,\varphi = 0.569$$

$$V_P = \frac{P_P}{I\,cos\,\varphi_P} = \frac{11231.8}{78.48 * 0.569} = 251.5V$$

Per realizzare il rifasamento con fattore di potenza 0,9 si deve introdurre una capacità che assorba la potenza reattiva in eccesso:

$$Q_C = P(tan\,\varphi' - tan\,\varphi) = 10000(0.484 - 1.5) = -10160VAr$$

$$C = \frac{|Q_C|}{\omega V^2} = \frac{10160}{314,15 * 230^2} = 611\mu F$$

In condizioni di carico rifasato, la corrente assorbita dalla linea diventa:

$$I' = \frac{P}{V\,cos\,\varphi} = \frac{10000}{230 * 0.9} = 48.31A$$

e di conseguenza si modificano tutti i valori gia' calcolati

$$P'_L = R_l I'^2 = 0{,}2 * (48.31)^2 = 466.7W$$

$$Q'_L = X_l I'^2 = 0{,}2 * (48.31)^2 VAr = 466.7VAr$$

$$P'_P = P + P_l = 10000 + 466.7 = 10466.7W$$

$$Q'_P = Q + Q_C + Q_l = 15000 - 10160 + 466.7 = 5306.7VAr$$

da cui secondo il noto procedimento:

$$tg\varphi'_P = \frac{Q'_P}{P'_P} = 0.507 \Rightarrow cos\,\varphi'_P = 0.891$$

$$V'_P = \frac{P'_P}{I'\,cos\,\varphi'_P} = \frac{10466.7}{48.31 * 0.891} = 243.2V$$

CAPITOLO 9

AMPLIFICATORI OPERAZIONALI

ESERCIZIO 1

Calcolare la tensione V_o del circuito indicato in figura sapendo che:
R_1=10 Ω R_2=30 Ω R_3=15 Ω E_1=20 V

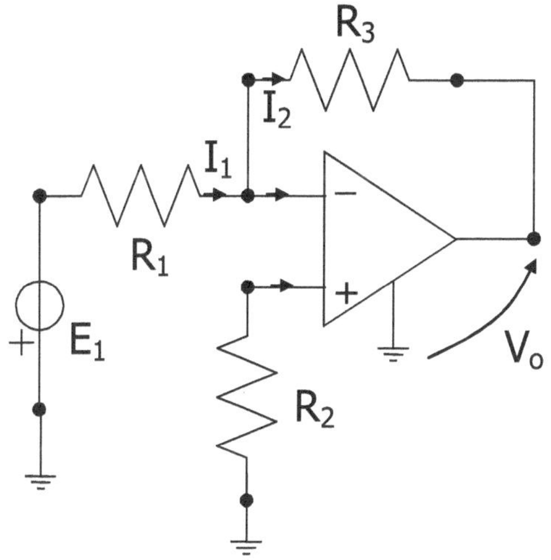

Soluzione

Ricordando che per l'amplificatore operazionale ideale la corrente entrante nei morsetti "+" e "-" è uguale a $I_+ = I_- = 0$ e che

$V_+ = V_-$ si avrà che

$V_+ = V_- = R_2 I_+ = 0V$

da cui si può ottenere il valore della corrente I_1 scrivendo l'equazione di Kirchhoff delle tensioni:

$V_- + R_1 I_1 + E_1 = 0$

e quindi:

$$I_1 = -\frac{V_- + E_1}{R_1} = 2\,A$$

Essendo I_-=0 si avrà che

$I_1 = I_2 = 2A$

per cui il valore della tensione V_o si ricava scrivendo l'equazione di Kirchhoff delle tensioni:

$V_- - R_3 I_2 - V_o = 0$

ottenendo quindi

$V_o = -R_3 I_2 = 30V$

ESERCIZIO 2

Calcolare la tensione V_o del circuito indicato in figura sapendo che:
R_1=10 Ω R_2=30 Ω R_3=35 Ω R_4=25 Ω E_1=20 V E_2=10 V

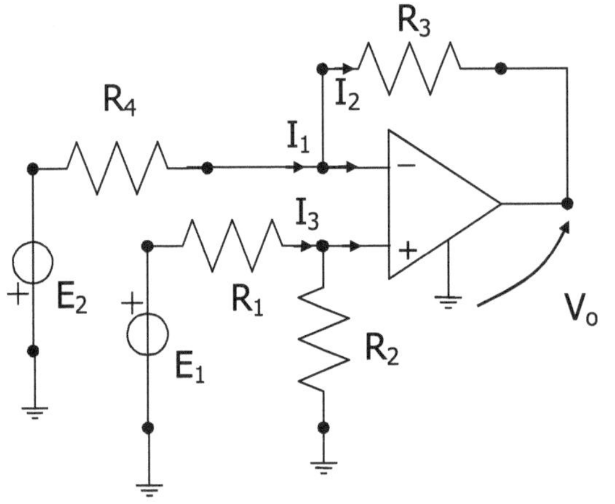

Soluzione

Ricordando che per l'amplificatore operazionale ideale la corrente entrante nei morsetti "+" e "-" è uguale a $I_+ = I_- = 0$ e che

$V_+ = V_-$ si avrà che

$V_+ = V_- = R_2 I_3$

La corrente I_3 si può ricavare scrivendo l'equazione di Kirchhoff alla maglia:

$E_1 - R_1 I_3 - R_2 I_3 = 0$

da cui

$$I_3 = \frac{E_1}{R_1 + R_2} = 0.5A$$

La tensione ai morsetti di ingresso dell'amplificatore sarà allora:

$V_+ = V_- = R_2 I_3 = 15V$

Il calcolo della corrente I_1 si ottiene scrivendo l'equazione di Kirchhoff alla maglia:

$V_- + R_4 I_1 + E_2 = 0$

da cui si ricava:

$$I_1 = -\frac{V_- + E_2}{R_4} = -1A$$

Essendo I_-=0 si avrà che

$I_1 = I_2 = -1A$

per cui il valore della tensione V_o si ricava scrivendo l'equazione di Kirchhoff delle tensioni:

$V_- - R_3 I_2 - V_o = 0$

da cui si trova:

$V_o = V_- - R_3 I_2 = 50V$

ESERCIZIO 3

Calcolare la tensione V_o del circuito indicato in figura sapendo che:
R_2=3 Ω R_4=4 Ω R_3=1 Ω I_{g1}=2 A E_2=4 V

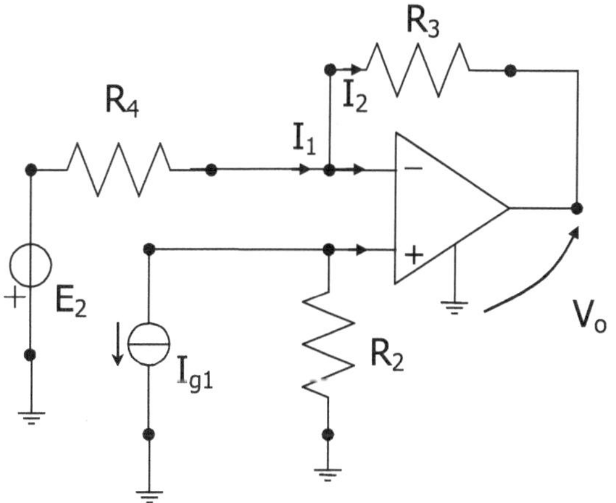

Soluzione

Ricordando che per l'amplificatore operazionale ideale la corrente entrante nei morsetti "+" e "-" è uguale a $I_+ = I_- = 0$ e che

$V_+ = V_-$ si avrà che

$V_+ = V_- = -R_2 I_{g1} = -6V$

Il calcolo della corrente I_1 si ottiene scrivendo l'equazione di Kirchhoff alla maglia:

$V_- + R_4 I_1 + E_2 = 0$

da cui si ricava:

$$I_1 = -\frac{V_- + E_2}{R_4} = 0.25\,A$$

Essendo $I_-=0$ si avrà che

$$I_1 = I_2 = 0.25\,A$$

per cui il valore della tensione V_o si ricava scrivendo l'equazione di Kirchhoff delle tensioni:

$$V_- - R_3 I_2 - V_o = 0$$

da cui si trova:

$$V_o = V_- - R_3 I_2 = -6.25\,V$$

ESERCIZIO 4

Calcolare la tensione V_o del circuito indicato in figura sapendo che:
R_1=10 Ω R_2=8 Ω R_3=15 Ω R_4=40 Ω E_1=20 V E_2=-40 V

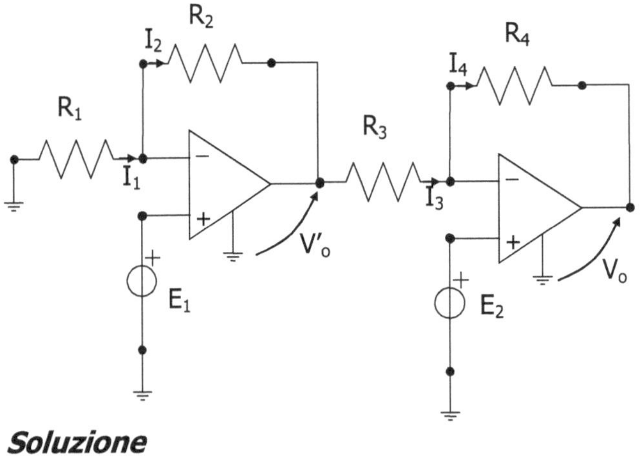

Soluzione

In questo caso si hanno due amplificatori in cascata. Per risolvere la rete è necessario procedere per ordine, partendo dal calcolare l'uscita dell'amplificatore a sinistra che costituisce un ingresso dell'amplificatore a destra. Ricordando che per l'amplificatore operazionale ideale la corrente entrante nei morsetti "+" e "-" è uguale a $I_+ = I_- = 0$ e che $V_+ = V_-$ si avrà che

$$V_+ = V_- = E_1 = 20V$$

Il calcolo della corrente I_1 si ottiene scrivendo l'equazione di Kirchhoff alla maglia:

$$V_- + R_1 I_1 = 0$$

da cui si ricava:

$$I_1 = -\frac{V_-}{R_1} = -4\,A$$

Essendo $I_-=0$ si avrà che

$$I_1 = I_2 = -4\,A$$

per cui il valore della tensione V'_o si ricava scrivendo l'equazione di Kirchhoff delle tensioni:

$$V_- - R_2 I_2 - V'_o = 0$$

da cui si trova:

$$V'_o = V_- - R_2 I_2 = 52V$$

A questo punto per il secondo amplificatore si avrà nuovamente

$I_+ = I_- = 0$ e $V_+ = V_-$ per cui

$$V_+ = V_- = E_2 = -40V$$

Il calcolo della corrente I_3 si ottiene scrivendo l'equazione di Kirchhoff alla maglia:

$$V'_o - V_- - R_3 I_3 = 0$$

da cui si ricava:

$$I_3 = \frac{V'_0 - V_-}{R_3} = 6.134\,A$$

Essendo $I_-=0$ si avrà che

$$I_3 = I_4 = 6.134\,A$$

per cui il valore della tensione V_o si ricava scrivendo l'equazione di Kirchhoff delle tensioni:

$$V_- - R_4 I \quad - V_o = 0$$

da cui si trova:

$$V_o = V_- - R_4 I_4 = -285.36V$$

ESERCIZIO 5

Calcolare la tensione V_o del circuito indicato in figura sapendo che:
R_1=10 Ω R_2=20 Ω R_3=5 Ω E_1=10 V E_2=20 V I_g=2 A

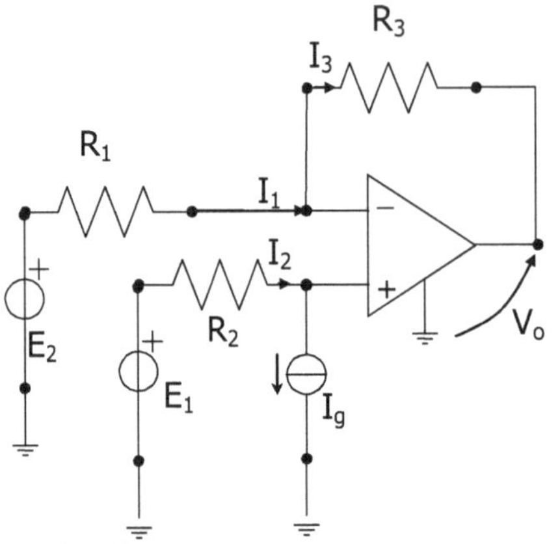

Soluzione

Si utilizzerà il principio di sovrapposizione degli effetti per la soluzione del circuito, spegnendo a turno i generatori indipedenti.
Per prima cosa si spenga il generatore di corrente, ottenenendo cosi la rete seguente:

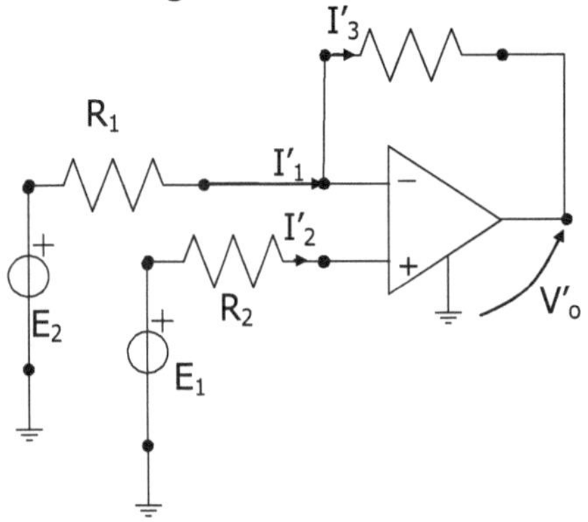

Ricordando che per l'amplificatore operazionale ideale la corrente entrante nei morsetti "+" e "-" è uguale a $I_+ = I_- = 0$ e che $V_+ = V_-$ si avrà che

$V_+ = V_- = E_1 = 10V$

Il calcolo della corrente I'_1 si ottiene scrivendo l'equazione di Kirchhoff alla maglia:

$V_- + R_1 I'_1 - E_2 = 0$

da cui si ricava:

$$I'_1 = \frac{E_2 - V_-}{R_1} = 1A$$

Essendo I_-=0 si avrà che

$$I'_1 = I'_3 = 1A$$

per cui il valore della tensione V'_o si ricava scrivendo l'equazione di Kirchhoff delle tensioni:

$$V_- - R_3 I'_3 - V'_o = 0$$

da cui si trova:

$$V'_o = V_- - R_3 I'_3 = 5V$$

Si spengano adesso i generatori di tensione lasciando accesso il solo generatore di corrente ottenendo in questo modo:

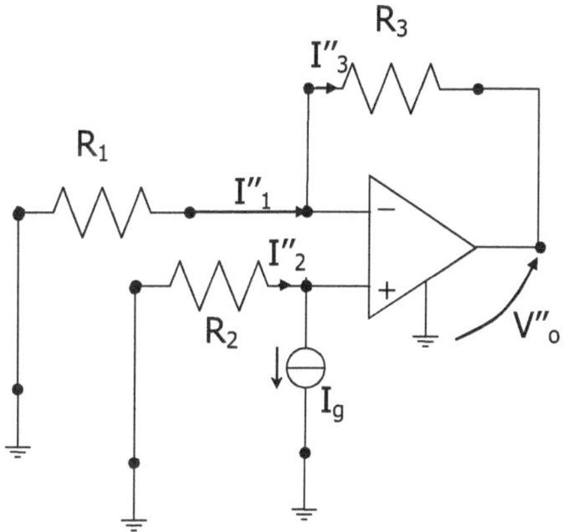

Questa volta si avrà:

$$V_+ = V_- = -R_2 I_g = -40V$$

Il calcolo della corrente I''_1 si ottiene scrivendo l'equazione di Kirchhoff alla maglia:

$$V_- + R_1 I''_1 = 0$$

da cui si ricava:

$$I'_1 = \frac{-V_-}{R_1} = 4A$$

Essendo I_-=0 si avrà che

$$I''_1 = I''_3 = 4A$$

per cui il valore della tensione V''_o si ricava scrivendo l'equazione di Kirchhoff delle tensioni:

$$V_- - R_3 I''_3 - V''_o = 0$$

da cui si trova:

$V''_o = V_- - R_3 I''_3 = -60V$

A questo punto la tensione cercata sarà:

$V_o = V'_o + V''_o = -55V$

ESERCIZIO 6

Calcolare la tensione V_o del circuito indicato in figura sapendo che:
R_4=4 Ω X_L=30 Ω X_c=15 Ω $\bar{I}_{g1}$ =2 A $\bar{E}_2$ =4 V

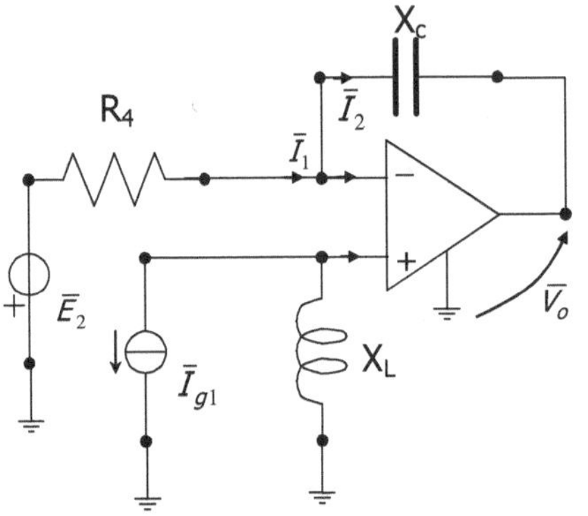

Ricordando che per l'amplificatore operazionale ideale la corrente entrante nei morsetti "+" e "-" è uguale a $\bar{I}_+ = \bar{I}_- = 0$ e che $\bar{V}_+ = \bar{V}_-$ si avrà che

$\bar{V}_+ = \bar{V}_- = -jX_L \bar{I}_{g1} = -j60\,A$

Il calcolo della corrente $\bar{I}_1$ si ottiene scrivendo l'equazione di Kirchhoff alla maglia:

$\bar{V}_- + R_4 \bar{I}_1 + \bar{E}_2 = 0$

da cui si ricava:

$$\bar{I}_1 = -\frac{\bar{V}_- + \bar{E}_2}{R_4} = -1 + j15\,A$$

Essendo $\bar{I}_- = 0$ si avrà che

$\bar{I}_1 = \bar{I}_2 = -1 + j15\,A$

per cui il valore della tensione $\bar{V}_o$ si ricava scrivendo l'equazione di Kirchhoff delle tensioni:

$\bar{V}_- + jX_c \bar{I}_2 - \bar{V}_o = 0$

da cui si trova:

$\bar{V}_o = \bar{V}_- + jX_c \bar{I}_2 = -225 - j75\,V$

ESERCIZIO 7

Calcolare la tensione V_o e la potenza complessa assorbita dall'induttore L_2 nel circuito indicato in figura sapendo che:
R_4=4 Ω X_{L1}=20 Ω X_{L2}=10 Ω X_c=15 Ω $\overline{E}_2$ =4 V

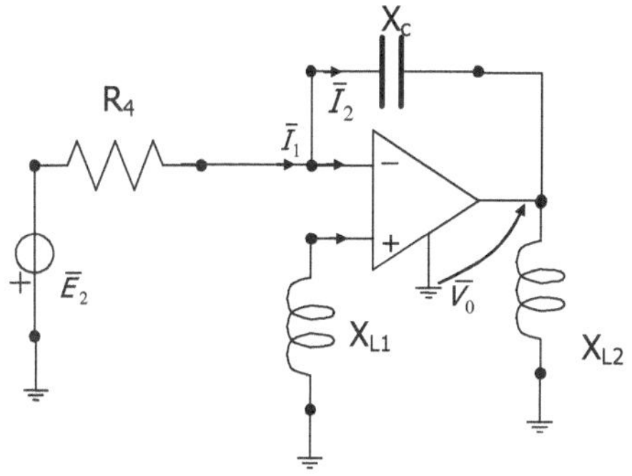

Ricordando le proprietà dell'amplificatore ideale si avrà:

$$\overline{V}_+ = \overline{V}_- = 0A$$

Il calcolo della corrente $\overline{I}_1$ si ottiene a questo punto scrivendo l'equazione di Kirchhoff alla maglia:

$$\overline{V}_- + R_4\overline{I}_1 + \overline{E}_2 = 0$$

da cui si ricava:

$$\overline{I}_1 = -\frac{\overline{E}_2}{R_4} = -1A$$

Essendo $\overline{I}_- = 0$ si avrà che

$$\overline{I}_1 = \overline{I}_2 = -1A$$

per cui il valore della tensione $\overline{V}_o$ si ricava scrivendo l'equazione di Kirchhoff delle tensioni:

$$\overline{V}_- + jX_c\overline{I}_2 - \overline{V}_o = 0$$

da cui si trova:

$$\overline{V}_o = \overline{V}_- + jX_c\overline{I}_2 = -j15\,V$$

Il valore della potenza assorbita dall'induttore sarà:

$$\overline{S}_{L2} = \frac{V_o^2}{\overline{Z}^*_{L2}} = \frac{225}{j15} = -j15VA$$

CAPITOLO 10

RETI TRIFASE

ESERCIZIO 1

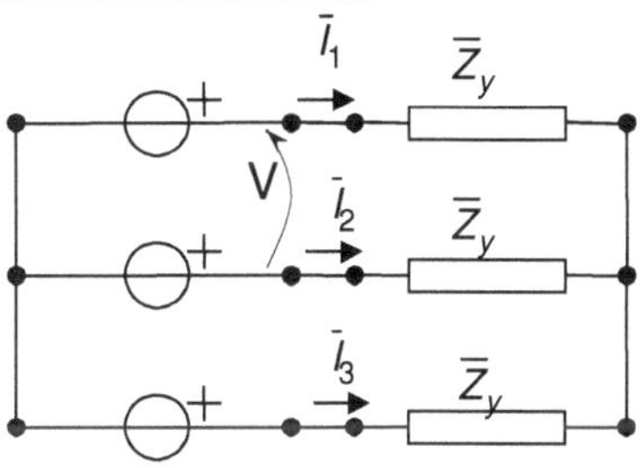

$\bar{Z}_y = 2 + j2\Omega$
V=400 V

Determinare:

a) fasori $\bar{I}_1$, $\bar{I}_2$, $\bar{I}_3$;
b) P,Q del carico

Soluzione

Dato che il carico e' equilibrato, la tensione a cui sono sottoposte le impedenze e' pari a quella del generatore di fase corrispondente. Le tensioni di fase si possono ricavare dalle tensioni concatenate divise per $\sqrt{3}$. Prendendo $\bar{E}_1$ come riferimento di fase:

$$\bar{E}_1 = \frac{400}{\sqrt{3}} e^{j0°} = 230 e^{j0°} V$$

A partire da questo risultato, la corrente di fase si ottiene dividendo per l'impedenza di fase: $\bar{Z}_y = 2\sqrt{2}e^{j45°}$ e si ottengono i tre fasori di corrente richiesti:

$$\bar{I}_1 = \frac{\bar{E}_1}{\bar{Z}_y} = \frac{230e^{j0°}}{2\sqrt{2}e^{j45°}} = 81.65e^{-j45°} A$$

$$\bar{I}_2 = \frac{\bar{E}_2}{\bar{Z}_y} = \frac{230e^{-j120°}}{2\sqrt{2}e^{j45°}} = 81.65e^{-j165°} A$$

$$\bar{I}_3 = \frac{\bar{E}_3}{\bar{Z}_y} = \frac{230e^{j120°}}{2\sqrt{2}e^{j45°}} = 81.65e^{j75°} A$$

Per il calcolo delle potenze si considera tre volte la potenza complessa della singola impedenza:

$P = 3RI^2 = 3 \cdot 2 \cdot (81.65)^2 = 40kW$

$Q = 3XI^2 = 3 \cdot 2 \cdot (81.65)^2 = 40kVAr$

ESERCIZIO 2

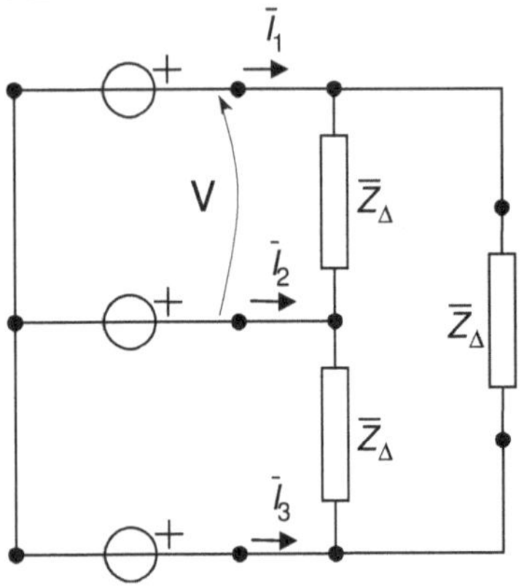

$\bar{Z}_\Delta = 3 + j3\Omega$
V=400 V

Determinare:
a) fasori $\bar{I}_1$, $\bar{I}_2$, $\bar{I}_3$;
b) P,Q del carico

Soluzione

L'esercizio si puo' risolvere considerando il carico a triangolo o trasformando il triangolo in una stella equivalente:

$$\bar{Z}_y = \frac{1}{3}\bar{Z}_\Delta = \frac{1}{3}(3 + j3) = 1 + j\ \Omega$$

Prendendo $\bar{E}_1$ come riferimento di fase:

$$\bar{E}_1 = \frac{400}{\sqrt{3}} e^{j0°} = 230e^{j0°}V$$

A partire da questo risultato, la corrente di fase si ottiene dividendo per l'impedenza di fase: $\bar{Z}_y = \sqrt{2}e^{j45°}$ e si ottengono i tre fasori di corrente richiesti:

$$\bar{I}_1 = \frac{\bar{E}_1}{\bar{Z}_y} = \frac{230e^{j0°}}{\sqrt{2}e^{j45°}} = 163.3e^{-j45°}A$$

$$\bar{I}_2 = \frac{\bar{E}_2}{\bar{Z}_y} = \frac{230e^{-j120°}}{\sqrt{2}e^{j45°}} = 163.3e^{-j165°}A$$

$$\bar{I}_3 = \frac{\bar{E}_3}{\bar{Z}_y} = \frac{230e^{j120°}}{\sqrt{2}e^{j45°}} = 163.3e^{-j75°}A$$

Per il calcolo delle potenze si considera tre volte la potenza complessa della singola impedenza:

$$P = 3RI^2 = 3 \cdot 1 \cdot (163.3)^2 = 80kW$$

$$Q = 3XI^2 = 3 \cdot 1 \cdot (81.65)^2 = 80kVAr$$

ESERCIZIO 3

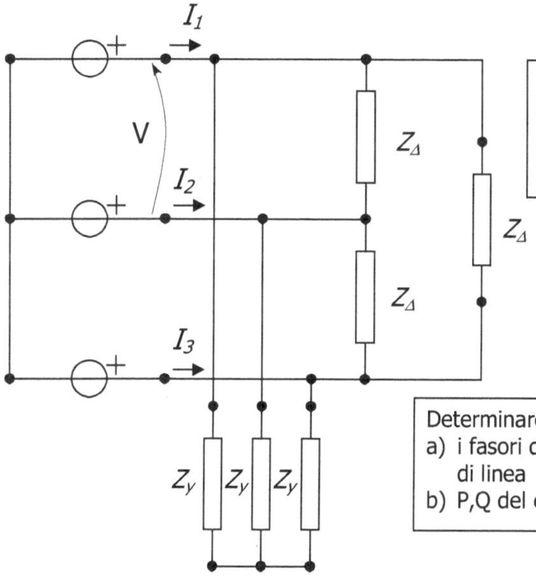

$\overline{Z}_y = 1 + j1\Omega$

$\overline{Z}_\Delta = 3 + j3\Omega$

V=400 V

Determinare:
a) i fasori delle 3 correnti di linea
b) P,Q del carico

Soluzione

Si puo' notare come i due carichi equilibrati siano collegati in parallelo essendo sottoposti alla stessa tensione. Per determinare la corrente di linea complessiva si puo' trasformare il carico a triangolo in uno a stella e calcolare il parallelo equivalente:

$$\overline{Z}'_y = \frac{1}{3}\overline{Z}_\Delta = \frac{1}{3}(3 + j3) = 1 + j1\,\Omega$$

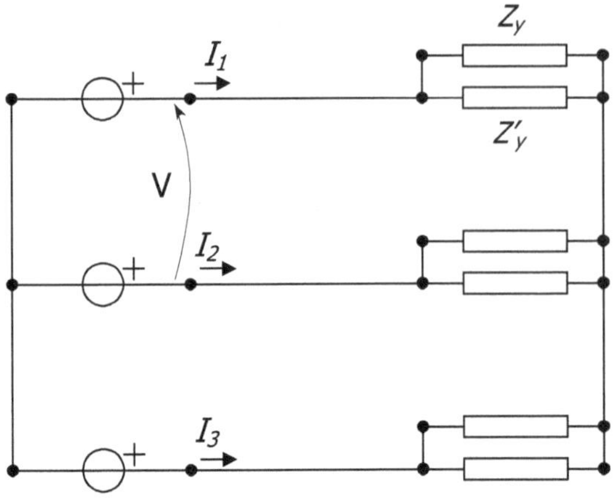

$$\bar{E}_1 = \frac{400}{\sqrt{3}} e^{j0°} = 230 e^{j0°} V.$$

A partire da questo risultato si divide per l'impedenza di fase:

$$\bar{Z}_T = \frac{1}{2}\left(\sqrt{2} e^{j45°}\right)\Omega$$

e si ottengono i tre fasori di corrente delle correnti di linea:

$$\bar{I}_1 = \frac{\bar{E}_1}{\bar{Z}_T} = 322.27 e^{-j45°} A$$

$$\bar{I}_2 = \frac{\bar{E}_2}{\bar{Z}_T} = 322.27 e^{-j165°} A$$

$$\bar{I}_3 = \frac{\bar{E}_3}{\bar{Z}_T} = 322.27 e^{j75°} A$$

Per il calcolo delle potenze si considera l'espressione dell'impedenza nei dati:

$$P = 3RI^2 = 3 \cdot 1 \cdot (322.27)^2 = 311.57 KW$$

$$Q = 3XI^2 = 3 \cdot 1 \cdot (322.27)^2 = 311.57 KVAr$$

ESERCIZIO 4

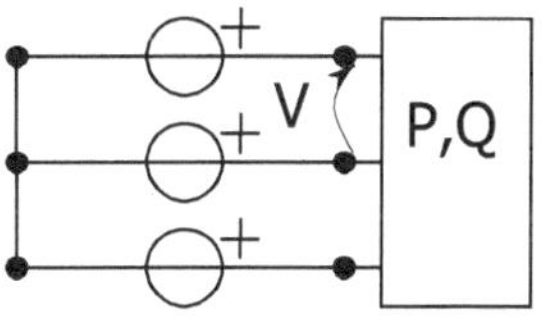

V=400 V
P=10kW
Q=4 kVAr

Determinare:
a) la corrente assorbita dal carico
b) l'impedenza equivalente a stella
c) l'impedenza equivalente a triangolo

Soluzione

La corrente assorbita dal carico può esprimersi in funzione della potenza attiva purché sia noto il fattore di potenza. Questo si può desumere calcolando:

$$tan\varphi = \frac{Q}{P} = 0.4 \Rightarrow cos\varphi = 0.928$$

la corrente di linea si puo' ricavare dalla formula della potenza:

$$I = \frac{P}{\sqrt{3} \cdot V \cdot cos\varphi} = \frac{10000}{\sqrt{3} * 400 * 0.928} = 15.54A$$

L'impedenza a stella equivalente si puo' ottenere considerando che ciascuna impedenza attraversata dalla corrente di linea assorba una potenza pari ad 1/3 della potenza totale del carico:

$$R_y = \frac{P}{3I^2} = \frac{10000}{3 * (15.54)^2} = 13.8\Omega$$

$$X_y = \frac{Q}{3I^2} = \frac{4000}{3 * (15.54)^2} = 5.52\Omega$$

$$\bar{Z}_y = R_y + jX_y = (13.8 + j5.52)\Omega$$

In caso di impedenze collegate a triangolo si puo' considerare che la corrente di fase e' $1/\sqrt{3}$ della corrente di linea, a questo punto ciascuna impedenza del triangolo diventa:

$$R_\Delta = \frac{P}{3\left(\frac{I}{\sqrt{3}}\right)^2} = \frac{10000}{(15.54)^2} = 41.4\Omega;$$

$$X_\Delta = \frac{Q}{3\left(\frac{I}{\sqrt{3}}\right)^2} = \frac{4000}{(15.54)^2} = 16.56\Omega$$

$$\bar{Z}_\Delta = R_\Delta + jX_\Delta = (41.4 + j16.56)\Omega$$

ESERCIZIO 5

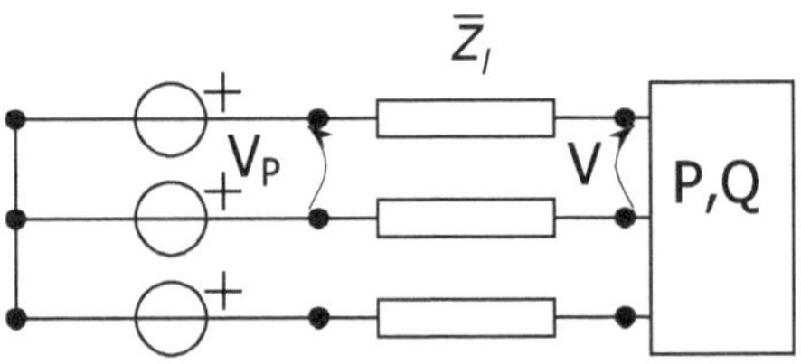

V=400 V
$\bar{Z}_l = 0.1 + j0.1\Omega$
P=5kW
Q=2 kVAr

Determinare:
a) la corrente assorbita dal carico
b) P,Q della linea
c) V_P
d) il valore dei generatori di fase

Soluzione

La corrente assorbita dal carico può esprimersi in funzione della potenza attiva purché sia noto il fattore di potenza. Questo si può desumere calcolando:

$$tg\,\varphi = \frac{Q}{P} = 0.4 \Rightarrow cos\,\varphi = 0.928$$

la corrente di linea si puo' ricavare dalla formula della potenza:

$$I = \frac{P}{\sqrt{3} \cdot V \cdot cos\,\varphi} = \frac{5000}{\sqrt{3} * 400 * 0.928} = 7.77A$$

Note le correnti che transitano sulla linea è possibile trovare la potenza attiva e quella reattiva assorbita dalla linea trifase:

$$P = 3RI^2 = 3 \cdot 0.1 \cdot (7.77)^2 = 18.11W$$

$$Q = 3XI^2 = 3 \cdot 0.1 \cdot (7.77)^2 = 18.11VAr$$

La tensione in partenza alla linea si puo' ricavare dal metodo delle potenze:

$$P_P = P + P_L = 5000 + 18.11 = 5018.11W$$

$$Q_P = Q + Q_L = 2000 + 18.11 = 2018.11VAr$$

$$tan\,\varphi_P = \frac{Q_P}{P_P} = 0.402 \Rightarrow cos\,\varphi = 0.927$$

$$V_P = \frac{P_P}{\sqrt{3}\cdot I\cdot cos\,\varphi_P} = \frac{5018.11}{\sqrt{3} * 7.77 * 0.927} = 402.2V$$

I generatori di fase posti a monte della linea hanno quindi un valore efficace di tensione pari a:

$$E_P = \frac{V_P}{\sqrt{3}} = 232.2V$$

ESERCIZIO 6

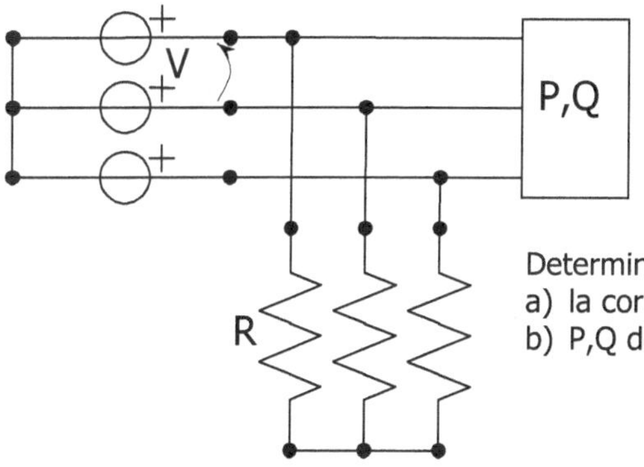

V=400 V
R=10 Ω
P=5kW
Q=2 kVAr

Determinare:
a) la corrente assorbita dai carichi
b) P,Q dei carichi

Soluzione

Per calcolare la corrente assorbita dai carichi si puo' calcolare la potenza complessa del sistema di resistenze e poi, grazie al teorema di Boucherot, sommare a quella del carico a fine linea:

$$P_R = 3\frac{\left(V/\sqrt{3}\right)^2}{R} = \frac{V^2}{R} = \frac{400^2}{10} = 16kW$$

$$\bar{S}_{tot} = P_R + P + jQ = (21 + j2)kVA$$

la corrente assorbita si puo' ottenere come:

$$\tan\varphi_{tot} = \frac{Q_{tot}}{P_{tot}} = 0.0952 \Rightarrow \cos\varphi = 0.995$$

$$I = \frac{P_{tot}}{\sqrt{3} \cdot V \cdot \cos\varphi_{tot}} = \frac{21000}{\sqrt{3} * 400 * 0.995} = 30.46A$$

ESERCIZIO 7

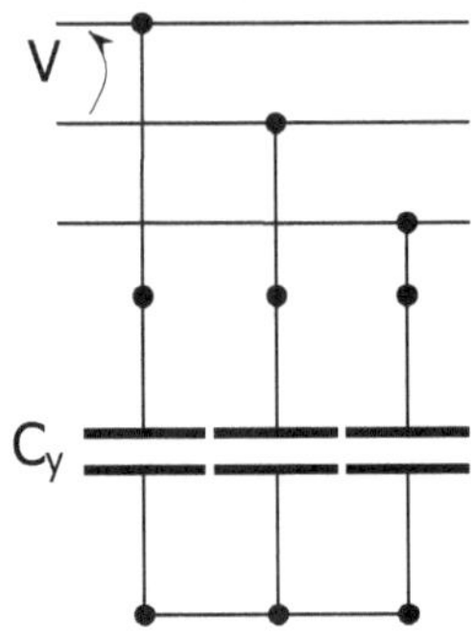

V=400 V
C=10 μF

Determinare:
a) la corrente nei condensatori
b) Q dei condensatori

Soluzione

Ogni condensatore e' sottoposto alla tensione di fase, percio', assumendo la fase 1 come riferimento:

$$\bar{E}_1 = \frac{400}{\sqrt{3}} e^{j0°} = 230e^{j0°}V.$$

l'impedenza di ciascun condensatore e' data da:

$$\bar{Z}_C = -j\frac{1}{\omega C} = -j\frac{1}{314.15 * 10^{-5}} = -j318.3\Omega.$$

I fasori delle correnti si ottengono dividendo la tensione stellata per l'impedenza trovata:

$$\bar{I}_1 = \frac{230e^{j0°}}{318.3e^{-j90°}} = 0,72e^{j90°}A$$

$$\bar{I}_2 = \frac{230e^{-j120°}}{318.3e^{-j90°}} = 0,72e^{-j30°}A$$

$$\bar{I}_3 = \frac{230e^{j120°}}{318.3e^{-j90°}} = 0,72e^{j210°}A$$

La potenza reattiva dei condensatori vale:

$$Q_C = 3X_C I^2 = 3(-318.3)(0,72)^2 = -495.16VAr$$

ESERCIZIO 8

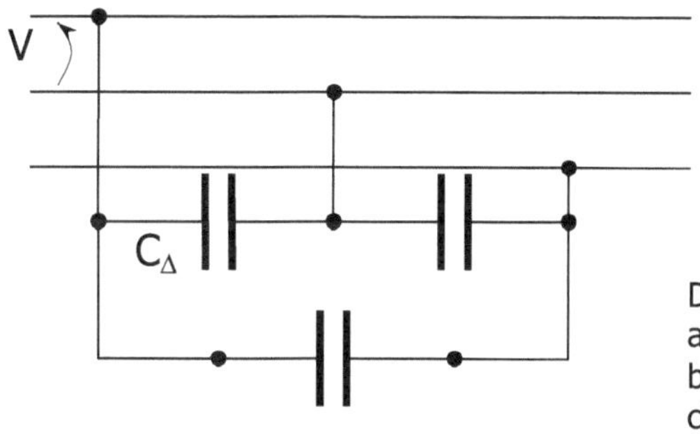

V=400 V
C=10 μF

Determinare:
a) la corrente di fase in C_Δ
b) la corrente di linea
c) Q dei condensatori

Soluzione

L'impedenza di ciascun condensatore e' identica a quella calcolata nell'esercizio precedente:

$$\bar{Z}_C = -j\frac{1}{\omega C} = -j\frac{1}{314.15 * 10^{-5}} = -j318.3\Omega.$$

Questa volta pero' la tensione a cui e' sottoposto ciascun condensatore e' pari alla tensione concatenata. Il valore efficace della corrente di fase nel condensatore diventa:

$$I_f = \frac{V}{Z_C} = \frac{400}{318.3} = 1.26A$$

La corrente di linea invece è pari a $\sqrt{3}$ volte la corrente di fase:

$$I = \sqrt{3} * I_f = \sqrt{3} * 1.26 = 2.18A$$

La potenza reattiva si può calcolare direttamente dalla tensione concatenata:

$$Q_C = -3\omega CV^2 = 3 \cdot (-318.3) \cdot (400)^2 = -1507.92VAr$$

ESERCIZIO 9

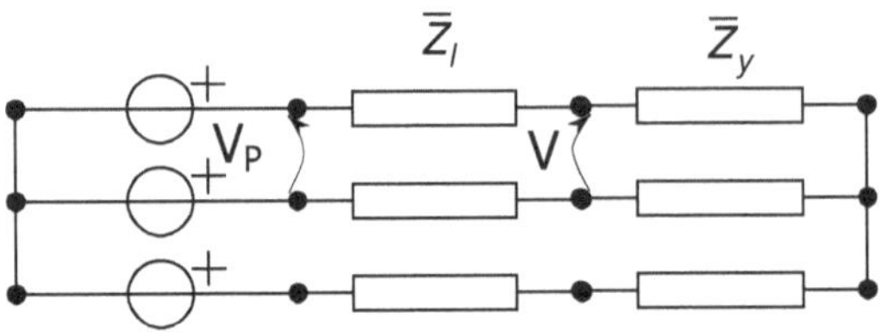

V=400 V

$\overline{Z}_y = 1.5 + j0.5\Omega$

$\overline{Z}_l = 0.1 + j0.1\Omega$

Determinare:

a) la corrente assorbita dal carico
b) P,Q della linea
c) VP

Soluzione

Per il calcolo della corrente assorbita dal carico si calcola l'impedenza del carico in modulo e fase:

$\overline{Z}_y = 1.58e^{j18°}\Omega.$

da cui la corrente di linea assorbita:

$$I = \frac{V/\sqrt{3}}{Z_y} = \frac{230}{1.58} = 145.6A.$$

la potenza attiva e reattiva assorbita dal carico e' pari a:

$$P = 3R_y I^2 = 3 \cdot 1.5 \cdot (145.6)^2 = 95.4kW$$

$$Q = 3X_y I^2 = 3 \cdot 0.5 \cdot (145.6)^2 = 31.8kVAr$$

Nella linea trifase transitano le stesse correnti di linea già calcolate nel punto precedente. E' allora immediato calcolare le potenze attive e reattive assorbite:

$$P_l = 3R_l I^2 = 3 \cdot 0{,}1 \cdot (145.6)^2 = 6.4kW$$

$$Q_l = 3X_l I^2 = 3 \cdot 0{,}1 \cdot (145.6)^2 = 6.4kVAr$$

La tensione ai capi della linea si ottiene applicando il teorema di Boucherot:

$$P_P = P + P_L = 95.4 + 6.4 = 101.8kW$$

$$Q_P = Q + Q_L = 31.8 + 6.4 = 38.2kVAr$$

$$tan\varphi_P = \frac{Q_P}{P_P} = 0.375 \Rightarrow cos\varphi = 0.936$$

$$V_P = \frac{P_P}{\sqrt{3} \cdot I \cdot cos\varphi_P} = \frac{101.8 * 10^3}{\sqrt{3} * 145.6 * 0.936} = 431.2V$$

ESERCIZIO 10

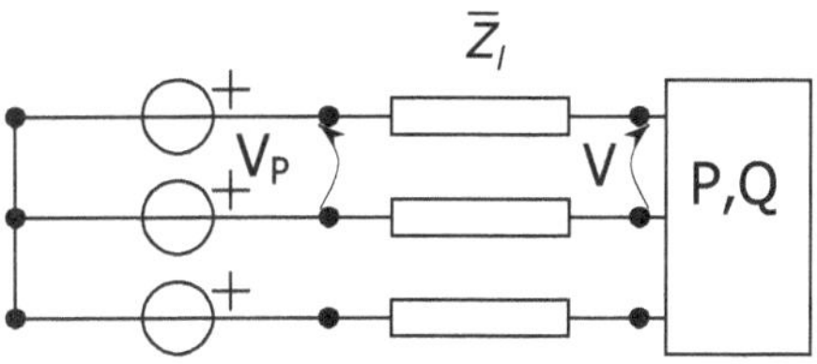

V=400 V
$\bar{Z}_l = 0.1 + j0.1\Omega$
P=10 kW
Q=10 kVAr

Determinare:
a) condensatori a stella per rifasamento a cosφ'=09.
b) P,Q della linea con rifasamento
c) V_P con rifasamento

Soluzione

La potenza reattiva richiesta ai condensatori di rifasamento e' pari a:
$Q_C = P(tan\,\varphi' - tan\,\varphi) = 10000(0.484 - 1) = -5160VAr.$

La capacita' dei condensatori a stella si puo' ricavare considerando che ciascuno e' sottoposto alla tensione di fase:

$$C_y = \frac{\frac{|Q_C|}{3}}{\omega\left(\frac{V}{\sqrt{3}}\right)^2} = \frac{\frac{5160}{3}}{314{,}15\left(\frac{400}{\sqrt{3}}\right)^2} = 102.6\mu F$$

La corrente di linea assorbita dal carico rifasato si puo' ricavare dalla formula della potenza:

$$I' = \frac{P}{\sqrt{3}\cdot V\cdot cos\,\varphi'} = \frac{10000}{\sqrt{3}\cdot 400\cdot 0.9} = 16{,}04A$$

Nota la corrente di linea si ricavano le potenze di linea:

$$P_l = 3R_l I^2 = 3 * 0.1 * (16.04)^2 = 77.1W$$

$$Q_l = 3X_l I^2 = 3\cdot 0.1\cdot (16.04)^2 = 77.1VAr$$

La tensione in partenza alla linea si puo' ricavare dal metodo delle potenze:

$$P_P = P + P_L = 10000 + 77.1 = 10077.1W$$

$$Q_P = Q + Q_C + Q_L = 10000 - 5160 + 18.11 = 4917.1VAr$$

$$tan\,\varphi_P = \frac{Q_P}{P_P} = 0.488 \Rightarrow cos\,\varphi = 0.898$$

$$V_P = \frac{P_P}{\sqrt{3}\cdot I\cdot cos\,\varphi_P} = \frac{10077.1}{\sqrt{3} * 16.04 * 0.898} = 404V$$

Made in United States
Troutdale, OR
11/10/2026

57065631R00100